文澜学术文库

跨文化空间里的男性气质互动
以世纪之交的李安电影为例

张玉敏 / 著

中国社会科学出版社

图书在版编目（CIP）数据

跨文化空间里的男性气质互动：以世纪之交的李安电影为例/张玉敏著．
--北京：中国社会科学出版社，2024.3
（文澜学术文库）
ISBN 978-7-5227-3353-1

Ⅰ.①跨… Ⅱ.①张… Ⅲ.①男性—气质—研究 Ⅳ.①B848.1

中国国家版本馆 CIP 数据核字（2024）第 065970 号

出 版 人	赵剑英
责任编辑	张　潜
责任校对	王佳玉
责任印制	张雪娇

出　　版	中国社会科学出版社
社　　址	北京鼓楼西大街甲 158 号
邮　　编	100720
网　　址	http://www.csspw.cn
发 行 部	010-84083685
门 市 部	010-84029450
经　　销	新华书店及其他书店
印　　刷	北京明恒达印务有限公司
装　　订	廊坊市广阳区广增装订厂
版　　次	2024 年 3 月第 1 版
印　　次	2024 年 3 月第 1 次印刷
开　　本	710×1000　1/16
印　　张	10.5
插　　页	2
字　　数	152 千字
定　　价	68.00 元

凡购买中国社会科学出版社图书，如有质量问题请与本社营销中心联系调换
电话：010-84083683
版权所有　侵权必究

前　言

本书将世纪之交李安（Ang Lee，1954—　）电影中的男性形象和男性气质作为研究对象，对其进行跨文化解读，有利于打破西方性别文化霸权，在中国传统文化语境下重新审视性别内涵、规范和实践，总结个体男性主体身份的重构策略，思考中华优秀传统文化对当代世界性别和男性气质研究的积极理论建构意义。

本书对李安电影中男性气质的考察体现了性别文化研究的跨学科性、跨文化性，并在理论和实践层面有一定程度的创新。通过对作品中人物形象的分析，结合电影技术和文本叙事，研究李安电影对男性气质的书写样貌，分析白人中心主义的西方霸权制男性气质对男性带来的影响，审视个体男性气质身份的解构和重构历程，探究中美男性气质在互动中产生的意义，反思中国传统文化尤其是儒家伦理对当代世界性别和男性气质研究的积极意义。最终期待本书可以丰富和拓展当下的男性气质研究和跨文化研究，给人们在当今跨文化语境下正确认知、建构和实践性别身份带来一定的启发。

本书由六部分构成，第一章是理论框架的搭建。通过对美国文化中男性气质的内涵和相关理论进行梳理，重点分析白人中心主义的霸权性男性气质是如何在美国社会确立其支配地位，并将女性、同性恋以及其他族裔男性边缘化的。同时通过分析总结古代中国与西方不同的性别话语，尤其是儒家社会中的理想男性特质，创新性地提出中国传统男性气质是在儒家伦理关系中构建的。此外，通过反思雷金庆提出的"文—武"

中国男性建构理论模式，将女性主义、跨文化视角纳入理论分析框架。值得一提的是，本书首次将"跨不同"理论引入中美跨文化语境下的身份互动探讨，批判性地审视其在个体男性气质建构和互动中的阐释能力。

书中第二章到第五章分别对四部世纪之交的李安电影作品《推手》《喜宴》《断背山》和《绿巨人浩克》中的男性形象和男性气质进行分析。

第二章通过对电影《推手》的文本细读和镜头语言探讨"老朱"是如何在中国传统文化下构建其男性气质的。分析"老朱"的个体男性气质身份在美国社会，尤其是家庭关系中受到了怎样的冲击，最后是否实现了男性气质的重构。笔者认为，导演李安采取本土化的视角将"老朱"的个体男性气质和父职紧密结合，体现了男性气质建构的新范式，因此打破了西方主流文化对华裔男性和严酷父亲的刻板印象，挑战了西方在性别秩序中的霸权主义。

第三章分析电影《喜宴》中的同性恋男性形象。笔者看来，影片并不是对同性恋"酷儿"身份的探讨，而是围绕同性恋展开的对于跨文化语境下性别、种族、文化以及代际冲突的思考。同性恋男性形象是李安颠覆美国主流社会对华裔男性"种族阉割"的重要手段，也是其探讨性别和男性气质在中西文化不同内涵的出发点。笔者认为，李安从儒家伦理层面探讨高伟同的同性恋身份和男性气质，重新审视了性别界限，展示了性别的流动性，也抨击了美国白人异性恋霸权。高伟同模糊化和流动性的性别身份展现出中国前现代性别内涵，有力地冲击了西方性别范式中简单的同性恋/异性恋、男/女二元对立，对于正确认识性别建构具有重要理论意义。

第四章从西方性别和儒家伦理两种视角对影片《断背山》中杰克和恩尼斯的男性气质进行解读，并尝试分析两种解读在跨文化空间的碰撞和交流之下产生的新意义。笔者认为，导演李安极力强调杰克和恩尼斯作为美国牛仔的阳刚之气，一方面打破了主流文化对同性恋男性的刻板印象，另一方面揭露了美国社会的恐同症。此外，本书认为李安对恩尼斯的刻画糅合了儒家伦理中的"君子"理想，体现了对自我欲望的克制和对家庭社会责任的担当。影片《断背山》也因此成为一个两种文化下男性气质碰撞和交流的跨文化空间。

第五章分析了《绿巨人浩克》与一般美国超级英雄电影的不同之处。在笔者看来，李安是在两种文化语境下重写绿巨人浩克，使其具备了跨文化的独特性。一方面，李安在影片中对父子关系情节剧式的铺展使影片和李安一贯的电影风格一样，展现了其对儒家伦理下父子关系的思考。另一方面，影片也可以看作是对美国超级英雄叙事传统的颠覆，并在其中加入了"中国侠客"的书写。在本章中，笔者首先分析影片中浩克的男性形象是如何挑战和颠覆美国传统超级英雄电影的想象。其次，通过中国传统英雄主义和"侠"的概念对浩克的男性形象进行分析。再次，通过儒家伦理窥视影片中的父子关系塑造和男性气质刻画。最后，笔者分析浩克处于中西文化夹缝中的身份正是华裔男性身份的隐喻。

第六章是结论部分，分析李安电影中男性特质在跨文化空间的变化和产生的新意义，并总结男性气质身份重构的多元化策略。李安电影中融合了中国传统文化精髓的男性形象彰显了中华民族文化的魅力，这是抵抗西方性别霸权的有效手段，也为中国文化"走出去"提供了积极的借鉴意义。

近年来男性气质研究在中国不断发展，希望本书可以为同行带来一定的启发。本书中的一些观点可能不够完善，也请各位同行专家多多批评指正。

目　　录

绪　论 …………………………………………………………… 1
　　第一节　本书的对象和意义 ………………………………… 1
　　第二节　李安电影的研究现状 ……………………………… 3
　　第三节　研究方法和研究内容 ……………………………… 10

第一章　中美文化语境下的男性气质内涵和"跨不同"理论 ……… 14
　　第一节　美国文化语境下的男性气质内涵和"霸权性
　　　　　　男性气质" ………………………………………… 19
　　第二节　中国传统文化语境下的"男性气质" …………… 25
　　第三节　"跨不同"理论作为研究方法 …………………… 53

第二章　建构与冲突：《推手》中的男性气质解读 ……………… 57
　　第一节　中国传统文化语境下的男性气质建构 …………… 59
　　第二节　跨文化空间里的男性气质冲突和身份重构 ……… 67
　　第三节　"跨不同"视野下对中国传统男性气质的反思 …… 79
　　小　结 ………………………………………………………… 81

第三章　颠覆与重构：《喜宴》中的男性气质解读 ……………… 83
　　第一节　"种族阉割"的戏仿 ……………………………… 85
　　第二节　压抑的中国家庭 VS 自由的美国社会？ ………… 89

第三节　同性恋还是异性恋？ ………………………………… 92
　　第四节　儒家传统伦理中的男性气质重构 …………………… 95
　　第五节　"跨不同"视野下对跨文化男性气质重构的反思 …… 99
　　小　结 …………………………………………………………… 101

第四章　从"美国牛仔"到"中国君子"：《断背山》中的男性
　　　　　气质解读 ………………………………………………… 102
　　第一节　美国牛仔男性气概的祛魅 …………………………… 104
　　第二节　超越性维度的同性关系 ……………………………… 108
　　第三节　"懦夫"还是"君子"？恩尼斯的男性气质再审视 …… 111
　　第四节　"跨不同"视野下对美国男性气质理想的反思 ……… 119
　　小　结 …………………………………………………………… 120

第五章　从"超级英雄"到"中国侠客"：《绿巨人浩克》中的
　　　　　男性气质解读 …………………………………………… 122
　　第一节　超级英雄的颠覆 ……………………………………… 125
　　第二节　侠客精神的注入：浩克形象的新解读 ……………… 133
　　第三节　"跨不同"视野下对边缘性男性气质的反思 ………… 141
　　小　结 …………………………………………………………… 142

结　语 ……………………………………………………………… 144

参考文献 …………………………………………………………… 157

绪 论

第一节 本书的对象和意义

本书将世纪之交①李安（Ang Lee，1954— ）电影中的男性形象和男性气质作为研究对象，对其进行跨文化解读，有利于打破西方性别文化霸权。在中国传统文化语境下重新审视性别内涵、规范和实践，有利于总结个体男性主体身份的重构策略，思考中华优秀传统文化对当代世界性别和男性气质研究的积极理论建构意义。

第一，尽管有不少研究者对李安电影已经进行过一些学术研究，但是本书在以下几个方面和以往研究有很大不同。本书聚焦世纪之交李安电影中的男性形象和男性气质建构，通过男性形象的电影视觉表征挖掘背后的文化、政治和性别内涵。李安本人的跨文化身份历来被研究者所关注，但鲜有研究者注意到他本人的男性性别身份，更是忽略了从性别，尤其是从男性气质层面去解读其电影中的男性形象。20世纪90年代后期，由于全球经济一体化和中国改革开放的进一步发展，中西文化冲突剧烈。李安作为华裔导演，他敏锐地抓住这一时代特点，通过电影细致展现中西文化冲突，尤其注重观察中国在融入世界过程中所遭遇的权力不平等。而最重要的是，本书认为李安世纪之交的电影将中西文化冲突

---

① 书中"世纪之交"一词特指1992年至2005年这一段时间。

具体化为男性话语之间的冲突，电影中的男性形象研究为民族身份和民族主义话语提供了一个具体可供分析的视角。本书集中对李安四部以男性角色为主导的电影《推手》（1992）、《喜宴》（1993）、《绿巨人浩克》（2003）和《断背山》（2005）进行分析，尝试挖掘电影中所展现的男性气质内涵和性别关系，尤其是男性气质背后的民族主义话语。

第二，本书在20世纪70年代兴起的"批判性男性研究"（Critical Studies on Men）的知识脉络中，将男性研究置于性别不平等议题的中心，[1] 聚焦不同男性群体之间建立在种族、性取向、历史以及阶层等因素上的不平等的权力关系。中国男性在"世界性别秩序"[2] 中处于尴尬位置，是萨义德"东方主义"体系中的"他者"[3]。在西方文化中，中国男性（乃至亚洲男性）长期以来的刻板印象是缺乏阳刚之气的女性化形象。这种描绘从根本上反映了后殖民主义语境下西方对中国男性气质的偏见以及中西文化权力的不平等。将李安电影中男性个体放置在"批判性男性研究"的框架中，本书跳出了性别本质主义和西方性别范式的霸权，探讨中美文化中呈现出来的男性气质，及其在跨文化空间的颠覆与重构。也正是在这个意义上，本书也是对男性气质研究奠基人康奈尔（Connell）号召国际团队研究男性和男性气质的回应。

第三，本书采用比较视野对中国传统文化和美国文化中的男性气质进行解读，兼具概念和分析两个层次。在概念层面，本书试图在跨文化空间里采用中国传统文化和西方性别内涵对个体男性进行双重解读，揭示这两种解读所产生的冲突和交流。男性气质是一种使男性主导合法化

---

[1] Carrigan, T., B. Connell, and J. Lee, "Toward a New Sociology of Masculinity", *Theory and Society*, 1985 (5.14), pp. 551-604. Kimmel, Michael S., "Masculinity as Homophobia: Fear, Shame, and Silence in the Construction of Gender Identity", Harry Brod and Michael Kaufmaneds eds., *Research on Men and Masculinities Series: Theorizing Masculinities*, Thousand Oaks, CA: SAGE publications, 1994, pp. 134-151.

[2] Connell, R. W., *Masculinities* 2nd ed. Berkeley: University of California Press, 2005, p. 73.

[3] Said, W. Edward., *Orientalism*, New York: Vintage Books, 1978.

的意识形态，在不同时代、不同文化中呈现出不同的话语。① 因此无论是在"东方"还是"西方"性别范式下建构或者解构男性气质，都可能延续某种男性神话类型而将其他类型的男性边缘化。本书在中美双重文化语境下展开对李安电影中个体男性气质的解读，可以有效打破西方性别范式，重新审视本土语境下的性别和男性气质内涵，揭示其更加具体、广泛和包容的形式，促进男性气质的多元化实践。在分析层面，本书对男性形象的解读既关注文本细读，也重视视听语言，尤其是电影镜头、光线、剪辑、布景、音乐，等等。因此，本书不仅是对影片中不同个体男性气质的解读，也是采用不同性别内涵和男性气质理论对个体男性的多棱镜透视。

第四，最重要的是，本书通过对李安电影中个体男性气质的解读反思中华优秀传统文化，尤其是儒家伦理对当代世界性别和男性气质研究的积极理论建构意义。中国文化下的男性气质经历了不同的历史时期，并发生了很大变化。本书所聚焦的是中国前现代文化语境下的性别内涵和男性气质。其一是因为李安本人早期移民美国，对中国革命和现当代语境下的男性气质接触很少，他对中国文化的想象和描绘主要建立在传统文化，尤其是儒家文化之上。其二在于中国前现代文化中的性别和男性气质建构与受到西方影响的"现代"性别话语有很大差异。② 对这一体系的发掘和重构，将有助于我们从多元的视角和全球化的高度重新审视对男性气质的认知和男性气质的建构问题，也有利于反思中国传统文化的当代价值和世界意义。

第二节 李安电影的研究现状

从沟通中西文化的《推手》（1992）、《喜宴》（1993）、《饮食男女》

---

① Kimmel, Michael S. and Amy Aronson, *Men & Masculinities: A Social, Cultural, and Historical Encyclopedia*, ABC-CLIO, Inc., 2004, pp. 503-504.

② Song, Geng, and Derek Hird, *Men and Masculinities in Contemporary China*, Leiden: Brill, 2014, p. 6.

（1994）到推开好莱坞大门的《理智与情感》（1994）、《冰风暴》（1997）、《与魔鬼同骑》（1999）和《绿巨人浩克》（2003）；从《断背山》（2005）的火爆到票房低迷的《双子杀手》（2019），李安向观众奉献了14部影片。他的作品享誉世界，奠定了他在电影界无可撼动的地位，并于2018年获得了美国导演工会终身荣誉奖。到目前为止，李安已经斩获包括奥斯卡、柏林国际电影节、威尼斯国际电影节和上海国际电影节等在内的多项国际电影大奖。他的电影受到国内外观众的喜爱和研究者的广泛关注。

与其他华裔导演有所不同，李安导演的电影类型多样，而且跨越和模糊了中美文化界限，巧妙地在两者之间穿梭。他的电影体现了美国好莱坞和亚洲电影，尤其是华语电影之间不断加深的关系，促进了全球化时代的跨文化交流。李安曾经对《纽约时报》说过这样一段话："当我拍摄《卧虎藏龙》的时候，所有的一切似乎都融合了……过去是从西方到东方的单行道：我们在接受而西方在生产。但是我们正在不断靠近，文化之间的鸿沟每天都在被消除……世界越来越小了"。[1]

由于李安电影事业的成功，学界对他的研究也比较多，主要集中在以下几个方面。

不少学者将李安电影的成功归因于他的双重文化身份使其能够成功驾驭中美文化。[2] "父亲三部曲"中，李安描绘了一幅幅迷人的中国传统文化元素图：《推手》中的太极和书法；《喜宴》中的中国传统婚礼习俗；《饮食男女》中的中国美食和烹饪艺术；《卧虎藏龙》则给观众展示了一场"文化中国"[3] 的视听盛宴。一方面，一些学者高度赞赏了李安

---

[1] Ang Lee, quoted in David M. Halbfinger, "The Delicate Job of Transforming a Geisha", *New York Times*, 6 Nov., 2005.

[2] 陈犀禾、曹琼、庄君：《跨文化文本和跨文化语境：李安电影研究动态》，《电影艺术》2007年第3期；肖路：《华语电影——中美跨文化传播的重要媒介》，《当代电影》2005年第3期；张澂：《构筑多元文化认同的影像世界——评李安电影的文化特性》，《当代电影》2006第5期；周斌：《在中西文化冲撞中开掘人性》，《华文文学》2005年第5期。

[3] Tu, Wei-ming, *Cultural China: The Periphery as the Center "Cultural China"*, Daedalus 1991 (120.2), pp. 1–32.

站在民族主义立场上对中国文化所进行的展现，巧妙地将西方电影技巧和东方韵味进行融合，因而在全球化语境下将中国文化成功移植，吸引了更多的观众。① 另一方面，李安也跨越了中国文化身份执导外语片，将西方文化带给中国观众。无论是《理智与情感》（Sense and Sensibility）中对 18 世纪英国达什伍德姐妹爱情和婚姻生活的描绘，《冰风暴》（The Ice Storm）中对 20 世纪 70 年代美国家庭危机的刻画，《与魔鬼同骑》（Ride with the Devil）中对南北战争和种族问题的把握，还是《断背山》（Brokeback Mountain）里对 20 世纪 80 年代美国同性关系的书写，李安都表现出对西方文化的精准领悟和表达。值得注意的是，少数学者也注意到李安外语电影中的中国元素，克里斯·贝里（Chris Berry）便指出《断背山》与美国其他的西部片不一样的地方其实在于融合了中式情景剧和家庭伦理剧的元素。② 还有研究者认为华语影片《卧虎藏龙》是对西方骑士精神和女性主义的文化移植。③

一些学者赞赏李安对中国文化的成功移植以获得国际认可，另一些学者则从后殖民主义批评角度分析影片中的"东方主义"（Orientalism）。比如蔡圣勤和周新指出李安对中国文化的展示是以西方为中心的。④ 马胜美（Ma Sheng-mei）则分析了全球化对李安电影的影响，指出"父亲三部曲"中存在明显的异国情调（Exoticism）。他认为这三部电影都是在资本主义框架下生产和消费的，迎合了资本主义的审美取向，进而指出李安对中国文化的展示满足了西方观众的期待因而可以在国际市场大获成功。⑤ 埃莉诺·泰（Eleanor Ty）则分析了李安和另一位华裔美国导演王

---

① 付蓉：《从"恋父情结"解析李安电影中的文化内涵》，《电影评介》2006 年第 20 期；侯豫徽：《试论影片〈卧虎藏龙〉蕴含的人文关怀》，《视听纵横》2002 年第 2 期；秦俊香：《华语武侠大片中的情理冲突与中国文化表达》，《现代传播：中国传媒大学学报》2005 年第 3 期。

② Berry, Chris, "The Chinese Side of the Mountain", *Film Quarterly*, 2007, pp. 32–37.

③ Chan, Felicia, "*Crouching Tiger, Hidden Dragon*: Cultural Migrancy and Translatability", Chris Berry ed., *Chinese Films in Focus* II, London: Palgrave Macmillan, 2008, pp. 73–81.

④ 蔡圣勤、周新：《论李安电影中的东方主义》，《华中科技大学学报（社会科学版）》，2001, pp. 86–89.

⑤ Ma Sheng-mei, "Ang Lee's Domestic Tragicomedy: Immigrant Nostalgia, Exotic/Ethnic Tour, Gobal Market", *Journal of Popular Culture*, 1993 (30.1), pp. 191–201.

颖（Wang Wayne）的相似之处，认为他们都存在东方主义的异国情调，对西方主体表示权力屈服。① 还有一些学者尽管认为李安电影中存在东方主义，但是依然肯定了他在促进中西文化交流上所作出的努力。程绍春（Cheng Shao-chun）认为李安将"东方主义"作为策略推进了中国文化在世界电影市场的能见度，因此电影中的"东方主义"并非是一种背叛，而是一种有效的武器。② 弗兰·马丁（Fran Martin）则认为《卧虎藏龙》之所以吸引中西方观众在于李安的跨文化视角为他们同时获得了各自不同的审美认同（allo-identification）。③ 最值得一提的是有学者指出李安对中国文化的展示是本土化的，挑战了西方的消费霸权。④ 他们的这一观察也为笔者所注意并在本书中通过性别视角进行了进一步的阐释和分析。

以上研究基本立足于李安对中西方文化的展现，少数学者注意到李安作品中的性别议题，尤其是同性恋和女性形象，并对此展开了有益探讨。蔡洪声和杨德建的文章分析了《喜宴》中的同性恋和中国传统伦理之间的冲突，指出《断背山》是一部表达纯真爱情的电影。⑤ 不少国内研究者也持类似观点，认为《断背山》中的性别意识并不突出，是"用东方人的情感讲述着西部牛仔的中国爱情故事"⑥。与国内学界将探讨集中在情感和美学层面不同，《断背山》在西方学界引起了不少关于性别，尤其是对酷儿理论（queer theory）的探讨。但总体来说，研究者普遍认为，

---

① Ty Eleanor, "Exoticism Repositioned: Old and New World Pleasures in Wang's *The Joy Luck Club* and Lee's *Eat Drink Man Woman*", Larry E. Smith and John Rieder eds., *Changing Representations of Minorities East and West: Selected Conference Papers*, Honolulu: University of Hawai'i Press, 1996, pp. 59-74.

② Cheng Shao-chun, "Chinese Diaspora and Orientalism in Globalized Cultural Production: Ang Lee's Crouching Tiger, Hidden Dragon", *Global Media Journal*, 2004.

③ Martin Fran, "The China Simularcrum: Genre, Feminism, and Pan-Chinese Cultural Politics in Crouching Tiger, Hidden Dragon", Chris Berry and Feii Lu eds., *Island on the Edge: Taiwan New Cinema and After*, Hong Kong: Hong Kong University Press, 2005, pp. 149-159.

④ Dariotis, Wei Ming and Eileen Fung, "Breaking the Soy Sauce Jar: Diaspora and Displacement in the Films of Ang Lee", Sheldon Hisao-peng Lu ed., *Transnational Chinese Cinemas: Identity, Nationhood, Gender*, Honolulu: University of Hawaii Press, 1997, pp. 187-220.

⑤ 蔡洪声、杨德建：《李安的新都市电影》，《当代电影》1996年第2期。

⑥ 余苗：《"断背山"的中式套装》，《电影》2006年第5期。

绪　论

由于考虑到电影主流市场的接受程度，影片对同性恋的刻画不够直接明确，对同性恋的描绘依然是边缘化的，并有意避免了同性恋和异性恋之间的冲突。①

除此之外，也有一些学者从女性主义批判角度出发，分析了《卧虎藏龙》《理智与情感》以及《色·戒》中的女性形象。有学者认为《卧虎藏龙》是一部女性主义影片，其对女性形象的刻画相比较其他武侠片更为细致真实。② 但是也有不少学者持反对意见，认为影片并没有从女性主义角度对中国传统父权制进行颠覆，不少研究者甚至认为影片通过扭曲的女性形象进一步强化了传统父权制的统治。③ 还有学者认为李安电影《理智与情感》弱化了简·奥斯丁原著中的女性主体意识，削弱了对女性主义的表达。④ 相比较其他两部电影，《色·戒》在国内学术界引发了更多对女性主义的讨论。⑤ 戴锦华在20世纪不断变化的政治权力关系中探讨了女性身体欲望和国族政治以及意识形态的关系。她指出电影体现了

---

① Berry, Chris, "The Wedding Banquet: A Family (Melodrama) Affair", Chris Berry ed., *Chinese Films in Focus II*, London: Palgrave Macmillan, 2008, pp. 183-190. Keller, James R. and Anne Goodwyn Jones, "Brokeback Mountain: Masculinity and Manhood", *Studies in Popular Culture*, Spring 2008, pp. 21-36. Harris, W. C., "Broke(n) Back Faggots: Hollywood Gives Queers a Hobson's Choice", Jim Stacy ed., *Reading Brokeback Mountain: Essays on the Story and the Film*, McFarland & Company, Inc., Publishers, 2007, pp. 118-134. Mcdonald, Janet A., "Queering the Representation of the Masculine 'West' in Ang Lee's *Brokeback Mountain*", *Gay and Lesbian Issues and Psychology Review*, 2007, pp. 1-7.

② Leung William, "Crouching Sensibility, Hidden Sense", *Film Criticism*, 2001, pp. 42-45.

③ Chan Felicia, "*Crouching Tiger, Hidden Dragon*: Cultural Migrancy and Translatability", Chris Berry ed., *Chinese Films in Focus II*, London: Palgrave Macmillan, 2008, pp. 73-81. Kimm, L. S., *Crouching Tiger, Hidden Dragon, Making Women Warriors—A Transnational Reading of Asian Women Action Heroes*, Jump Cut, 2006 (48). Gomes, Catherine, "Crouching Women, Hidden Genre: An Investigation into Western Film Criticism's Reading of Feminism in Ang Lee's *Crouching Tiger Hidden Dragon*", *Limina*, 2005, pp. 47-56.

④ Samuelian, Kristin Flieger, "Postfeminist Intervention in Sense and Sensibility", Linda Troost and Sayre N. Greenfield eds, *Jane Austen in Hollywood*, University Press of Kentucky, 1998, pp. 148-158. Dickson, Rebecca, "Misinterpreting Austen's Ladies", Linda Troost and Sayre Greenfield eds., *Jane Austen in Hollywood*, University Press of Kentucky, 1998, pp. 44-57.

⑤ 高晓雯:《李安电影的女性主义分析》,《宁夏大学学报（人文社会科学版）》2010年第5期；詹才女:《论李安电影中的女性意识》,硕士学位论文,华东师范大学,2011年；邓如冰:《〈色·戒〉的寓言:家国场域中的身体政治——兼谈李安的"正解"和"误读"》,《妇女研究论丛》2014年第5期。

跨文化空间里的男性气质互动

个人身份认同和国家身份之间的裂隙,暗示了资本主义全球化过程中个人和国族对于权力不平等的反应。①

这些论文大多就李安的某部电影进行解读和论述,主要涉及文化身份和文化移植、东方主义、同性恋和女性主义等问题的探讨。这些论文对某个主题的某个层面有相当深度的挖掘,但缺乏深入、系统的剖析和论证,尤其对李安电影中的男性形象和男性气质问题缺少关注。

除了这些文章之外,对于李安和其电影研究的专著有三本。第一本是2007年张靓蓓关于李安的自传《十年一觉电影梦》。这本书讲述了李安的生平和导演事业,对于研究李安提供了比较丰富的资料。② 第二本是由怀特尼·迪利（Whitney Crothers Dilley）撰写的对李安电影进行分析的英文专著。这部专著从文化、性别、艺术手法、女性主义、心理分析和后殖民等角度对李安从1992年到2005年拍摄的9部电影进行了较为细致的文本解读。作者尤其集中探讨了文化身份,认为李安电影"从各种类型和方法上展示了日益全球化的过程中凸显的身份问题"③。这本书对于电影中的叙事手法以及电影改编的探讨都十分有益,不足之处在于分析比较零散,并没有形成同一主题下对于李安电影的系统探讨。此外,作者采取的是西方中心主义视角,强调了全球化对李安电影的影响,缺乏本土研究视角下的分析。第三本是向宇的专著《跨界的艺术：论李安电影》由博士学位论文改写而成,从电影史和电影技法视角对李安电影进行分析,指出李安电影成功的秘诀在于将西方电影拍摄手法和中国艺术理念相结合,解读李安电影如何"跨越东方和西方、艺术和商业、主流和边缘的界限"④。这部专著提供了对李安电影的电影学专业分析,对于本书在电影技法分析层面有较大借鉴意义。

以上研究表明,李安电影中的男性形象和男性气质问题还没有引起

---

① 戴锦华：《时尚·焦点·身份——〈色戒〉的文本内外》,《艺术评论》2007年第12期。
② 张靓蓓编著：《十年一觉电影梦：李安传》,人民文学出版社2007年版。
③ Dilley, Whitney Crothers, *The Cinema of Ang Lee: The Other Side of the Screen*, London: Wallflower Press, 2007.
④ 向宇：《跨界的艺术：论李安电影》,中国社会科学出版社2014年版。

中外学界的足够关注，尚未形成对于男性和男性气质的系统研究。不过，一些学者对李安电影中的男性形象有所关注，集中在对父亲和同性恋男性形象的探讨上。尤其是中国学界对李安电影中的父亲形象表现出研究兴趣。付蓉分析了"父亲三部曲"中的"恋父情结"，认为李安在影片中表达了对中国文化的怀旧情绪。① 孙慰川则认为"父亲三部曲"展现了李安对父亲的同情和理解，同时也解构了传统父权制，颠覆了中国传统文化中的封建伦理。② 喻群芳指出李安电影中隐藏着挥之不去的与父亲之间既依恋又冲突，纠缠难解的"恋父情结"。③ 陈犀禾分析了李安和张艺谋电影中父亲形象的不同，并讨论这种不同是如何在两种社会文化语境下的互动中产生的。他指出李安电影中的父亲形象展现了李安在西方语境下对中国传统父权制的解构。④ 除了前面提到的西方学界从酷儿理论视角对李安电影中的同性恋议题展开的讨论之外，还有少数学者通过李安作品的男性形象考察了身份政治。吉娜·马尔凯蒂（Gina Marchetti）是很重要的一位。她分析了《喜宴》中伟同的身份杂糅，考察在种族、性别和文化互动中建构的个体身份。⑤ 在另一篇文章中，马尔凯蒂认为《绿巨人浩克》是李安对美国少数族裔的政治隐喻，表达了对少数族裔处于边缘地位的愤怒。⑥ 这些学者的研究为本人从中西方双重文化视角展开对李安电影中男性形象和男性气质的系统探讨和深入研究奠定了基础，也为本书的论证提供了有力的参照。

总体看来，就李安电影中的男性气质研究而言，目前还存在以下几

---

① 付蓉：《从"恋父情结"解析李安电影中的文化内涵》，《电影评介》2006年第20期。
② 孙慰川：《试论李安〈家庭三部曲〉的叙事主体及美学特征》，《南京师范大学学报》2007年第1期。
③ 喻群芳：《李安电影中的"恋父情结"》，《当代电影》2004第5期。
④ 陈犀禾：《李安和张艺谋电影中的父亲形象比较》，李安电影研讨会，2006。
⑤ Gina Marchetti, "The Wedding Banquet: Global Chinese Cinema and the Asian American Experience", Hamamoto, Darreli Y. and Sandra Liu eds., *Countervisions: Asian American Film Criticism*, Philadelphia: Temple University Press, 2000, pp. 275-297.
⑥ Gina Marchetti, "Hollywood and Taiwan: Connections, Countercurrents, and Ang Lee's Hulk", See-kam Tan, Peter X. Feng, and Gina Marchetti eds., *Chinese Connections: Critical Perspectives on Film, Identity, and Diaspora*, Philadelphia: Temple University Press, 2009, pp. 95-108.

点不足。首先，国内外学界对这一论题的研究还依然停留在对个别作品的个案分析上，缺乏系统性和整体性，平面化、零散化现象严重，对话性和延伸性不足，尤其缺乏对李安电影中男性形象和男性气质的整体把握。其次，缺乏从"批判性男性研究"理论视角的相关研究，没有将男性气质放置到历史语境中加以考察，没有讨论男性身份危机建构，没有将男性气质的建构与中美文化、两性伦理以及政治身份等联系起来进行研究，话题挖掘深度不足。再次，研究视野相对狭窄，缺乏从中美两种文化视角对男性形象进行跨文化的互动性解读。对中国传统文化，尤其是儒家伦理对于当代世界性别和男性气质研究的积极理论建构意义缺乏足够思考。最后，鲜有研究者将李安本人的男性性别身份与其电影研究相结合，关注其性别身份与荧幕形象之间的互动。

第三节　研究方法和研究内容

本书论题的提出和论证框架的确立是建立在对李安电影的细读和文化研究基础上的，其他二手文献资料都将作为本论题的理论语境和论证参照。

第一，本书从"批判性男性研究"中吸收社会学、人类学、文学等各个领域的研究成果，将李安电影创作及其本人的中美双重文化身份作为出发点，探讨双重文化视野下的性别和男性气质基本概念。

第二，本书摒弃了本质主义的性别和文化观念，充分考察中美男性气质的丰富性和复杂性，将对中美男性气质的探讨与个体男性的主体身份建构结合，考察个体男性是如何在文化传统、政治权力、家庭伦理关系以及城市空间等现实语境中建构或者重构男性气质身份的。

第三，本书注重从理论层面和分析方法上进行创新。在理论层面，本书通过梳理中美文化语境下的性别和男性气质内涵，建立了自己的理论分析框架。并提出中国前现代男性气质是在儒家伦理关系中建构的，因此对李安电影中男性形象和男性气质的解读也应该放置到人伦关系中进行考察。在分析方法上，本书不仅采用中美两种理论视角审视电影中的男性形象，而且注重将两种解读结合起来分析二者在互动中产生的新意义。

总体来说，本书对李安电影中男性气质的考察体现了跨学科性、跨文化性，在理论和实践层面均有一定程度的创新。通过对作品中人物形象的分析，结合电影技术和文本叙事结构，研究李安电影对男性气质的书写样貌，分析白人中心主义的西方霸权性男性气质给男性带来的影响，审视个体男性气质身份的解构和重构历程，探究中美男性气质在互动中产生的意义，反思中国传统文化尤其是儒家伦理对当代世界性别和男性气质研究的积极意义。最终期待本书可以丰富和拓展当下的男性气质研究和跨文化研究，为人们在当今跨文化语境下正确认知、建构和实践性别身份带来一定的启发。

本书主体由六部分构成，第一章是理论框架的搭建。通过对美国文化中男性气质的内涵和相关理论进行梳理，重点分析白人中心主义的霸权性男性气质是如何在美国社会确立其支配地位，并将女性、同性恋以及其他族裔男性边缘化的。同时通过分析总结古代中国与西方不同的性别话语，尤其是儒家社会中的理想男性特质，创新性地提出中国传统男性气质是在儒家伦理关系中构建的。此外，通过反思雷金庆提出的"文—武"中国男性气质建构理论模式，将女性主义、跨文化主义纳入理论分析框架。值得一提的是，本书首次将"跨不同"理论引入中美跨文化语境下的身份互动探讨，批判性地审视其在个体男性气质建构和互动中的阐释能力。

第二章到第五章分别对四部世纪之交的李安电影作品《推手》《喜宴》《断背山》和《绿巨人浩克》中的男性形象和男性气质进行分析。第二章通过对电影《推手》的文本细读和镜头语言试图探讨"老朱"是如何在中国传统文化下构建其男性气质，以及他的个体男性气质身份在美国社会，尤其是家庭关系中受到了怎样的冲击，最后是否实现了男性气质的重构。笔者认为，导演李安采取本土化的视角将"老朱"的个体男性气质和父职紧密结合，展现了非西方语境下男性气质建构的新范式，因此挑战了主流文化对华裔男性和严酷父亲的刻板印象，挑战了西方在性别秩序中的霸权主义。

第三章分析电影《喜宴》中的同性恋男性形象。笔者认为，影片并不是对同性恋酷儿身份的探讨，而是围绕同性恋展开的对于跨文化语境下性别、种族、文化以及代际冲突的思考。同性恋是李安颠覆美国主流社会对华裔男性"种族阉割"的重要手段，也是其探讨性别和男性气质在中西文化里不同内涵的出发点。笔者认为，李安从儒家伦理层面探讨高伟同的同性恋身份和男性气质，重新审视了性别界限，展示了性别的流动性，也抨击了美国白人异性恋霸权。高伟同模糊化和流动性的性别身份展现出中国前现代性别内涵，有力地冲击了西方性别范式中简单的同性恋/异性恋、男/女二元对立，对于正确认识性别建构具有重要理论意义。

第四章从西方性别和儒家伦理两种视角对影片《断背山》中杰克和恩尼斯的男性气质进行解读，并尝试分析两种解读在跨文化空间的碰撞和交流之下产生的新意。笔者认为，导演李安极力强调杰克和恩尼斯作为美国牛仔的阳刚之气，一方面打破了主流文化对同性恋男性的刻板印象，另一方面揭露了美国社会的"恐同症"。此外，本书认为李安对恩尼斯的刻画糅合进了儒家伦理中的"君子"理想，体现了他对自我欲望的克制和对家庭社会责任的担当。李安采用跨文化视角重新审视了故事中的男性形象和男性气质，影片《断背山》也因此成为两种文化下的男性气质碰撞和交流的跨文化空间。

第五章分析了《绿巨人浩克》与一般美国超级英雄电影的不同之处。在笔者看来，李安在两种文化语境下重写绿巨人浩克，使其具备了跨文化的独特性。一方面，李安在影片中对父子关系情节剧式的铺展使影片和李安一贯的电影风格一样，展现了他对儒家伦理下父子关系的思考。另一方面，影片也可以看作是对美国超级英雄叙事传统的颠覆，并在其中加入了"中国侠客"的书写，因此让影片体现了两种文化下英雄男性气质的展现和沟通。在本章中，笔者首先分析影片中浩克的男性形象如何挑战和颠覆美国传统超级英雄电影的想象，之后通过中国传统英雄主义和"侠"的概念对浩克的男性形象进行分析。同时，通过儒家伦理窥视影片中的父子关系塑造和男性气质刻画。最后笔者提出浩克处于中西文化夹缝中的身份正是华裔男性身份的隐喻。

第六章是结论部分，分析李安电影中男性特质在跨文化空间的变化和产生的新意义，并总结男性气质身份重构的多元化策略。

第一章 中美文化语境下的男性气质内涵和"跨不同"理论

本书从理论概念和电影文本分析两个层面对李安电影中的男性形象和男性气质进行解读,具有一定的创新意义。尤其是在理论层面,本书从国内外社会学、人类学、哲学、文学等领域吸收关于男性气质研究、批判白人性研究(critical whiteness studies)、后殖民主义、女性主义、酷儿理论、跨文化研究等前沿性研究成果,尤其注重从中国儒家文化经典中汲取养分,建立了自己的理论分析框架,从而使本书更具理论高度和可实践性。

作为性别研究中的流行词,"男性气质"似乎无处不在却又难以寻觅,被人多次提及但似乎又不明所以,人人都有但似乎又遥不可及。[1] 但是在过去的20年,关于男性和男性气质的研究日益引起非西方国家学者们的注意。男性气质研究的奠基人物康奈尔(R. W. Connell)提出了在全球化语境下的"世界性别秩序"(world gender order)这一概念,她认为全球化已经将机构、地方社会和世界的性别一起纳入了这个秩序。[2] 提及男性气质的建构,她认为在当今世界,"我们需要思考地方和全球力量

---

[1] Edwards Tim, *Cultures of Masculinity*, London: Routledge, 2006.
[2] Connell, R. W., "Globalization, Imperialism, and Masculinities", Michael S. Kimmel, Jeff Hearn & Robert W. Connell eds., *Handbook of Studies on Men & Masculinities*, Thousand oaks, CA: Sage, 2005, p.71.

第一章　中美文化语境下的男性气质内涵和"跨不同"理论

作用下的男性气质建构和实践"①。很明显，在全球化语境下，不同文化社会下的男性气质交流不再是单向的、自西向东辐射的过程，而是双向的互动。男性气质研究因此也必须考虑在不同民族文化下的男性气质互动，并试图揭示不同文化尤其是过去被西方性别范式遮蔽的非西方国家的男性气质特点。因此，对中美男性气质的探讨必须在跨文化的互动和交流中加以呈现，尤其是需要关注沟通互动中权力关系的变化和对"世界性别秩序"的影响。

在全球化语境下考察中美男性气质的交流互动，有两方面尤其值得注意。一方面，本质主义（essentialist）文化和性别观点在互动中都会受到冲击。本质主义的性别概念往往把男性气质的某些片面或者部分特性当成男性气质的全部。比如弗洛伊德曾把主动性和男性气质相提并论，并与被动性的女性气质相比较。这种观点受到了性别研究者的批判，本质主义视角最明显的弱点是对本质的选择是随意而缺乏效度的。事实上，弗洛伊德最后也放弃了这种性别的本质主义定义。对于男性气质这一概念而言，本身就充满了多元性、复杂性和文化建构性，任何简单的定义都可能以偏概全，给人们带来误导。但是很明显，人们并没有放弃对男性气质的追寻，无论在任何社会文化背景下的任何历史时代，人们对于理想男性气质的描述在不断增加，比如热爱冒险、有责任感、身体强壮、经济实力雄厚，等等。在探讨中美男性气质交流问题时，除了需要避免陷入性别本质主义的泥潭，还需要摒弃本质主义的文化观。后殖民批评家坚决反对将民族文化本质主义化，萨义德、霍米·巴巴等人都提出一切文化形式都是混杂的，而无论是将东方作为"他者"构建自身的西方中心主义，还是东方试图构建一种对抗西方的元话语，都是在二元对立的理论思维下产生的。因此，我们在批判西方中心主义性别观的同时，要警惕"自我东方化"，对于跨文化语境下的中国男性气质，尤其是前现

---

① Connell, R. W., "Globalization, Imperialism, and Masculinities", Michael S. Kimmel, Jeff Hearn & Robert W. Connell eds., *Handbook of Studies on Men & Masculinities*, Thousand oaks, CA: Sage, 2005, p.74.

跨文化空间里的男性气质互动

代男性气质内涵和规范的讨论和实践不应该造成一种新的压制和霸权。此外，我们需要以一种发展变化的观点看待前现代中国性别观点在现代化的过程中所产生的流变。李安电影中的中美男性形象，是在两种文化彼此互为参照中呈现和建构的。单一的强调美国文化，尤其是中国文化的独特性会遮蔽跨文化语境下男性气质身份的复杂性、多元性、流动性和模糊性。

另一方面，要始终注意中美男性气质互动中的权力不平等关系。我们需要认识和警惕二元对立思维模式下催生的本质主义的文化和性别观，杜绝强烈的文化自恋心态。同时，我们也需要充分认识到中国和美国、东方和西方之间长久以来的权力不平等关系，尤其是西方中心主义的文化霸权。萨义德在《东方学》等著作中揭露了帝国主义的文化观和东西方的关系。他指出，东方学是以欧美男性白人为主的东方学家们对东方的叙述而形成的文化观念、学科以及理论体系或框架。东方学家们以一种"高雅文化"的心理优势俯视东方，将东方看作是"落后的""专政的""野蛮的""愚昧的""无知的""刻板的""懒惰的"……东方是需要被西方改造的，并认定西方是东方文化的唯一拯救者。[1] 在东方学的叙述中，东方是西方文化的对立面，是沉默的他者，用马克思的话说，东方"无法表述自己；他们必须被别人表述"[2]。在这种霸权话语模式中，东方只能听到西方的言说而自己无法言说。在《东方学》的绪论中，萨义德就指出，东方女性的"典型特征"是由福楼拜创造出来的，在福楼拜的笔下，"她（库楚克·哈内姆）从来不谈论自己，从来不表达自己的感情、存在和经历。相反，是他在替她说话，把她表现成这样"[3]。而福楼拜是西方白人中产阶级男性，因而成为东方无可指摘的"代言人"。我们从中可以看到萨义德对西方中心主义文化霸权的强烈抨击。本书对李安电影中中美男性气质互动的考察正是建立对西方性别规范霸权批判的

---

[1] 爱德华·萨义德：《东方学》，王宇根译，生活·读书·新知三联书店1999年版。
[2] 爱德华·萨义德：《东方学》，王宇根译，生活·读书·新知三联书店1999年版。
[3] 爱德华·萨义德：《东方学》，王宇根译，生活·读书·新知三联书店1999年版。

基础上，主动寻找中国文化下的性别和男性气质内涵，打破帝国主义文化垄断性的男性气质叙述。

也正是基于以上的认识，我们需要再次强调男性气质是作为"复数"（masculinities）存在的性别概念，在当今世界乃至一国的男性气质都朝着更加多元化的方向发展和丰富。首先我们需要明确无论是在某一文化还是在跨文化语境下，对于男性气质研究的首要认知是不同男性之间的权力关系。正如康奈尔在《男性气质研究》（Masculinities）一书中指出：

> 认识到男性群体内部的不同还不够。我们必须认识到不同类型男性气质之间的关系：同盟关系（alliance）、支配关系（dominance）、附属关系（subordination）。这些关系通过排斥和接纳（exclude and include）、宣告（intimate）或者开拓（exploit）等等方式进行建构。男性气质中存在着性别政治。①

"霸权性男性气质"（hegemonic masculinity）概念提供了从理论上划分男性群体内部的权力关系的方法，帮助理解男性在性别秩序合法化中的有效性。这个概念由卡里根（Carrigan）等人提出，他们对"男性性角色"（male sex role）理论提出了质疑，提议建立一个多样的男性气质模型（a model of multiple masculinities）以分析男性内部权力关系。在文章中，他们将霸权性男性气质定义为"一种男性气质的变体，相对于这种气质类型的其他男性——比如年轻男性、阴柔的男性或者同性恋——都处于从属地位"②。他们认为，这一概念关注"某一特殊男性群体是如何占据权力和财富，如何将社会关系合法化并再生产，最终形成他们的支配地位的"③。之后在《霸权性男性气质：重思这个概念》（Hegemonic

---

① Connell, R. W., *Masculinities*, 2nd ed, Berkeley: University of California Press, 2005, p. 37.

② Carrigan, T., B. Connell, and J. Lee, "Toward a new sociology of masculinity", *Theory and Society*, 1985, p. 587.

③ Carrigan, T., B. Connell, and J. Lee, "Toward a new sociology of masculinity", *Theory and Society*, 1985, p. 592.

Masculinity: Rethinking the Concept）一文中，康奈尔和梅塞施密特（Messerschmidt）用这个概念去探索具体历史和文化语境下的男性层级关系。① 在这个意义上，"霸权性男性气质"也是会在不同历史、社会和文化语境下产生变化的，需要结合具体的语境进行分析。比如康奈尔基于全球化语境提出了"跨国商业男性气质"（transnational business masculinity）是目前"全球性别秩序"（global gender order）中的霸权性男性气质代表。② 也是通过这种方式，康奈尔将"霸权性男性气质"放置到全球化视野下考察，并分析了不同形式的男性气质是如何进入全球化舞台并占据统治地位的。"霸权性男性气质"这一概念因此也得以从国别语境进入全球化语境，可以用来探讨个体男性在跨文化语境下的男性气质建构。

"霸权性男性气质"概念为本书分析不同男性气质之间的权力关系在两个层面提供了分析视角。在全球层面，认识到西方性别范式对世界的统治，以及其对非西方文化下性别和男性气质规范的遮蔽。在具体的电影文本分析中，"霸权性男性气质"这一概念对于探究中国男性对西方男性特质的无意识内化（internalization）以及白人男性与华裔男性之间的权力不平等关系十分有益。在地方（local）层面，需要认识到无论是中国文化还是美国文化里的男性气质都不是同质的。在不同历史时期会有不同的男性群体占据统治地位，而另外一些男性则被边缘化或者处于从属地位。探讨跨文化空间里的男性气质交流，需要明确不同文化语境下的男性气质语篇不是平行发展，而是彼此缠绕、相互影响的。在分析"世界性别秩序"的文章《全球化、帝国主义和男性气质》（*Globalization, Imperialism, and Masculinities*）中，康奈尔批评了美国在全球的政治霸权，指出男性群体内部权力关系平等的重要性。"西方文化形式和意识形态（通过全球化）对外散播，地方文化对此进行回应并不断发生变化，最后

---

① Connell, R. W. and James W. Messerschmidt, "Hegemonic Masculinity: Rethinking the Concept", *Gender & Society*, 2005, pp. 829–859.

② Connell, R. W., "Globalization and Business Masculinities", *Men and Masculinities*, 2005, pp. 347–364.

占统治地位的文化必然也发生辩证变化。"① 因此全球性别秩序也会出现两种类型:一种是"现存性别秩序之间的互动",另一种是"超越某一具体国家和地区的,在互动中产生的'新空间'"②。我们看到,李安电影正是这个"新空间"的映照,在这个新空间,即本文称为"跨文化空间"里,不同文化下的性别范式和性别秩序不仅进一步丰富发展了全球空间秩序里的男性气质形式,而且更重要的是打破了西方范式在世界性别秩序中的霸权。为了进一步分析李安电影里的男性样貌书写是如何打破这种霸权的,本书首先需要梳理美国社会文化下的男性气质内涵和"霸权性男性气质"的主要特征。

第一节 美国文化语境下的男性气质内涵和"霸权性男性气质"

美国男性气质研究（American Masculinity Studies）是西方男性气质研究的有机组成部分,集中研究美国男性气质的概念、模式、表现以及实践等。男性气质研究在一定程度上是在女性主义的推动下发展起来的,与女性主义有着紧密关系,并逐渐发展成一个独立的研究领域,形成自己的发展路径。布劳德（Harry Brod）将男性气质研究的内容界定为独特的男性经验,指出男性气质和女性气质一样,都是社会关系的外在表现和构成结果,需要在相互对照的关系中才能界定,脱离整体的性别关系就无法理解男性气质的意义。③ 怀特海德（Stephen Whitehead）和麦克因

---

① Connell, R. W., "Globalization, Imperialism, and Masculinities", Michael S. Kimmel, Jeff Hearn & Robert W. Connell eds., *Handbook of Studies on Men & Masculinities*, Thousand oaks, CA: Sage, 2005, p.73.

② Connell, R. W., "Globalization, Imperialism, and Masculinities", Michael S. Kimmel, Jeff Hearn & Robert W. Connell eds., *Handbook of Studies on Men & Masculinities*, Thousand oaks, CA: Sage, 2005, p.73.

③ Brod, Harry, "The Case for Men's Studies", Harry Brod ed., *The Making of Masculinities: The New Men's Studies*, Boston: Allen and Unwin. Inc, 1987, pp.39-62.

斯（John MacInnes）等人则持建构主义观点，认为"大多数关于男性气质的讨论，都假设它是一个身份的经验存在的形式"，并与父权制关联，由此出发规定男性在社会中的主导地位。但实际上，"男性气质仅仅作为各种意识形态及幻想而存在，即关于男人应该是什么样的，它有助于男人和女人去理解他们的生活"①。也就是说，男性气质是一种动态多元的存在，与父权制文化和女性气质都有一定的关系，其形成是"一个历史的、意识形态的过程"②。

作为文化的产物，男性气质不仅通过各种元素建构产生，还必须通过特定的方式呈现出来。男性气质不仅是建构的，还具有"表演性"。"表演性"这个概念是巴特勒（Judith Butler）在性别研究中提出的，强调性别身份和表演之间的内在关系，说明性别的流动性和暂时性。③布里斯托（Joseph Bristow）指出在巴特勒的"表演性"提出之后，"任何致力于理解人类是如何获得男性气质或女性气质的人都无法避免和性别的表演方面发生关联"④。"表演性"让我们进一步认识到男性气质并非本质主义的存在，它与身体、行为、心理有着复杂的关系，需要特定的表演媒介，而且从个人身体到意识形态，都是男性气质表演的场域。男性通过获得的资源、途径和领域来"表演"男性气质，由此建立自己的男性性别身份，获取某种归属感。既然男性气质需要通过"表演"得以证明，那么它必须得到其他男性的认可，⑤成为主导性的或者占据中心地位的男性气质。而这种占据主导地位的男性气质正是美国男性气质研究的主要

---

① Whitehead, Stephen M. & Frank J. Barret, "Introduction: The Sociology of Masculinity", Stephen M. Whitehead & Frank J. Barrett. eds., *The Masculinities Reader*, Cambridge: Polity Press, 2001, p. 3.

② Bederman, Gail, *Manliness & Civilization: A Cultural History of Gender and Race in the United States, 1817-1917*, Chicago & London: The University of Chicago Press, 1995, p. 7.

③ Butler, Judith, *Gender Trouble: Feminism and the Subversion of Identity*, New York: Routledge, 1990.

④ Bristow, Joseph, "Preface", *Performing Masculinity*, Emig, Rainer & Antony Rowland eds., Hampshire & New York: Palgrave MacMillan, 2010, p. 8.

⑤ Kimmel, Michael S., *Manhood in America: A Cultural History*, New York: The Free Press, A Division of Simon& Schuster Inc., 1996, p. 19.

第一章　中美文化语境下的男性气质内涵和"跨不同"理论

内容。

基梅尔（Kimmel）在《美国男性气概的文化史》（*Manhood in America: A Cultural History*）中指出，"男性气概对于不同的人在不同的时代意味着不同的东西"[1]，但是在美国社会文化中，只有"一种单数形式的男性气质被当作典范"，"所有的美国男性都依此标准衡量自己"[2]。他引用美国社会学家欧文·戈夫曼（Erving Goffman）的总结对这种男性气质进行了描绘：

> 在重要意义上，美国社会只有一种完全不会脸红的男性：年轻、已婚、白人、城市中产阶级、异性恋、清教徒、父亲、受过大学教育、全职、体型健美、擅长体育运动……任何一个没有达到上述标准的男性都可能认为自己——至少在某个时刻——是没有价值，不完整，和低人一等的。[3]

基梅尔追溯了这种单数形式的"霸权性男性气质"是如何在美国文化中成为规范以及围困其他男性的。他认为美国男性气概史是关于美国男性的"恐惧、受挫以及失败"的历史。[4] 由于害怕自己不够阳刚，美国男性时常落入"自控"的陷阱，将他们自身的恐惧投射到"他者"身上以"逃避"现实。

基梅尔总结了三类人群是美国男性建构自身男性气概的"他者"。首先是同性恋男性，他们是美国男性完成男性气概建构中最重要的"他者"。基梅尔强调男性同性关系和恐同症（homophobia）是理解美国男性气质概念的关键。他在文章中分析了美国社会的恐同症：

---

[1] Kimmel, Michael S., *Manhood in America: A Cultural History*, New York: The Free Press, A Division of Simon & Schuster Inc., 1996, p. 5.

[2] Kimmel, Michael S., *Manhood in America: A Cultural History*, New York: The Free Press, A Division of Simon & Schuster Inc., 1996, p. 5.

[3] Kimmel, Michael S., *Manhood in America: A Cultural History*, New York: The Free Press, A Division of Simon & Schuster Inc., 1996, p. 5.

[4] Kimmel, Michael S., *Manhood in America: A Cultural History*, New York: The Free Press, A Division of Simon & Schuster Inc., 1996, p. 8.

跨文化空间里的男性气质互动

恐同症是我们文化中定义男性气质最中心的原则。恐同症不仅仅是对于同性恋男性的莫名恐惧，不仅仅是害怕我们自己被误认为是同性恋……恐同症的恐惧在于，害怕其他的男性会揭穿我们的伪装，会剥夺我们的男性气概，会向我们和世界暴露：我们并不符合男性气概的标准，我们不是真正的男人。我们尤其害怕其他男性看到我们的这种恐惧。①

恐同症统治着美国文化里的男性气概定义，因此异性恋成为美国男性气概最重要的组成因素。为了在其他男性面前展示阳刚之气，美国男性会使用各种方法夸大自身的男性气概，以证明他们并不是娘娘腔、胆小鬼或者懦夫。最重要的是，基梅尔解释恐同症"实际上和性别主义（Sexism）和种族主义（Racism）亲密交织"，并揭示了美国白人异性恋男性是如何通过将少数族裔和女性"他者化"以成功建构男性气质身份的。②

基梅尔区分了女性（women）和女性气质（femininity），并指出男性贬低的并不是作为身体的女性，而是富有女性身份的行为举止，也就是女性气质。③ 美国白人男性将非白人男性和女性气质联系在一起，并将对自身不够阳刚的恐惧投射到他们身上。因此从20世纪开始，亚裔男性在美国社会常以边缘化和女性化的负面形象出现。大卫·恩（David Eng）探究了亚裔美国男性是如何在美国社会被符号化地阉割以确立异性恋是白人特权的。他提到"禁止跨种族婚姻"（antimiscegnation）和"排华法案"（Exclusion Laws），禁止亚洲女性移民美国，从而形成了中国城的

---

① Kimmel, Michael S., "Masculinity as Homophobia: Fear, Shame, and Silence in the Construction of Gender Identity", Harry Brod and Michael Kaufman eds., *Research on Men and Masculinities Series: Theorizing Masculinities*. Thousand Oaks, CA: SAGE publications, 1994, p. 142.

② Kimmel, Michael S., "Masculinity as Homophobia: Fear, Shame, and Silence in the Construction of Gender Identity", Harry Brod and Michael Kaufman eds., *Research on Men and Masculinities Series: Theorizing Masculinities*. Thousand Oaks, CA: SAGE publications, 1994, p. 145.

③ Kimmel, Michael S., *Manhood in America: A Cultural History*, New York: The Free Press, A Division of Simon & Schuster Inc., 1996, p. 7.

第一章 中美文化语境下的男性气质内涵和"跨不同"理论

"单身汉社会"(bachelor communities)。① 这些历史和政治偏见使亚裔美国群体"酷儿化"(queer),在美国男性气质中处于边缘位置甚至被排除出去。② 该著作清晰地展示了恐同症是怎样和种族主义共谋,以及美国白人男性是如何将他们对男性气概不足的恐惧投射到亚洲男性身上的。在这个意义上,"恐同症"可以说是美国社会文化构建"霸权性男性气质"最根本的特质。

基梅尔重点以"自造男人"(self-made man)为例分析了美国现代男性气质的典型模式,并考察了其产生的社会政治根源以及时代流变。"自造男人"是1832年美国国会议员亨利·克雷(Henry Clay)在国会上的一次演讲中提出来的,并"在19世纪中期成为美国占统治地位的男性气质模式"③。亨利·克雷对自造男人式的男性气质赞誉有加,认为这种男性气质符合美国发展和壮大的需求,符合"美国梦"的诉求,与美国社会的核心价值观高度一致。④ 此后,这种男性气质模式在美国文化中一直占据着主导地位,并在不同时代呈现出不同的面貌。总体来说,这种男性气质伴随着有一定欧陆渊源的另外两种类型,即"有教养的家长"(genteel patriarch)和"英雄工匠"(heroic artisan)的被替代以及进入工业化市场中而逐步产生的,并随着美国工业化的发展占据主导地位。

基梅尔在美国社会19世纪末20世纪初社会转型的历史背景下考察男性气质面临的冲突和焦虑,重新审视两性关系以及男性气质,试图重构男性气质。这种思考和书写模式对于本书考察世纪之交的李安电影中美国男性气质的书写很有启发意义。20世纪末21世纪初的美国社会,尤其是克林顿时代(1992—2001)被普遍认为是和平的时代,修复了共和党之前所造成的破坏,繁荣了国内和全球经济。尤为重要的是,美国中产

---

① Eng, David L., *Racial Castration: Managing Masculinity in Asian America*, Durham: Duke University Press, 2001, p.17.

② Eng, David L., *Racial Castration: Managing Masculinity in Asian America*, Durham: Duke University Press, 2001, p.18.

③ Kimmel, Michael S., *Manhood in America: A Cultural History*, New York: The Free Press, A Division of Simon& Schuster Inc., 1996, p.19.

④ 隋红升:《跨学科视野下的男性气质研究》,浙江大学出版社2018年版。

跨文化空间里的男性气质互动

白人阶级男性及其主流社会取代了之前的社会不平等、少数族裔以及同性恋群体，成为新的焦点。白人中产阶级男性作为一个重要群体出现在文化表征中，并公开承认他们毫无疑问的特权。白人男性成为西方文化中最显著的无标记或者默认的范畴，一个不需要定义自己的范畴，成为其他男性衡量自己的标准。[1] 而且他们开始反抗任何对白人特权的指控，声称他们长久以来都是被压迫者。因此，在20世纪90年代流行的幻想中，白人男性是受害者，他们的身体和男性气质则成为展示受害的核心。但同时，与所有时代一样，20世纪90年代也充满了男性气质的危机。公众不断对种族、阶级、性别和性的质疑，夹杂着人们对即将到来的新千年的焦虑，构成了白人男性不断升级的恐慌。身份政治的激烈冲突往往突出表现为白人男性气质与非白人他者之间的不同及由此产生的身份焦虑，白人男性身体也常被作为象征社会斗争和现实文化暴力的中心场所。[2] 因此，这一时期大众文化的重点是重新想象白人霸权性男性气质，并重新审视其与种族、性别、阶级和性的关系——所有这些都是其占主导地位和霸权所带来的困扰。

李安世纪之交的电影正反映了他对这一时期美国男性气质危机的思考，其笔下的个体人物形象都与男性气质的认识和思考有关。他的第一部电影《推手》描写的是中国传统文化语境下的父亲"老朱"进入美国社会之后遭遇的家庭关系冲突。在父子关系的勾勒中反思白人霸权性男性气质与种族、性别的关系。而在之后的《绿巨人浩克》以及《断背山》等影片中，李安则展开了对超级英雄、西部牛仔等美国白人男性气质典范的探讨和思考，并始终将种族、阶级、性别以及性的问题放在中心位置。李安的作品反映了他对美国世纪之交时期的身份政治、文化冲突等问题的看法。

此外，基梅尔将美国文化语境下的恐同症与性别主义、种族主义结

---

[1] Clover, Carol J., "Falling Down and the Rise of the Average White Male", Pam Cook and Philip Dodd eds., *Women and Film: A Sight and Sound Reader*, Philadelphia: Temple UP, 1993, p.145.

[2] Brown, Molly Diane, *Nation, Nostalgia and Masculinity: Clinton/Spielberg/Hanks*, University of Pittsburgh, 2009, p.4.

合的论断对于本书中对美国男性形象和男性气质的分析很有帮助,由此,本书将分析李安电影是如何将美国社会文化中的某些霸权性男性气质类型进行传播或者进行颠覆。本书将探讨美国白人男性是如何运用这些气质模范,比如美国牛仔与超级英雄等,来建构并确立他们的男性气概的。最重要的是,探讨李安是如何挑战并颠覆这些典范,以打破建立在种族主义和性别主义基础上的霸权性男性气质规范。李安电影中的女性和女性气质书写并不是作为男性气质建构的"他者"或者衡量标准的对立物存在,而是具有自我主体性,这点与美国主流文化中的描绘大不相同。同时,李安电影中的同性恋男性也并非"被阉割的娘娘腔",而是展现出别样的风貌。这种书写很大程度上归功于李安的传统中国文化修养。李安从中国前现代性别文化中获得了很多启发,并将这些性别内涵注入到电影人物描绘中。在这个意义上,中国前现代时期的性别和男性气质思想,尽管不一定构成所谓的中国模式或者中国范式,但确实可以作为挑战西方霸权的一种有效武器。理解前现代时期的性别和男性气质思想可以加深对中国文化的进一步理解,同时也为从跨文化角度解读男性气质提供了一个重要视角。

第二节 中国传统文化语境下的"男性气质"

中国文化、文学和口语中并没有"男性气质"一词,但是另外一些词语,比如"男子""男子汉""男人""大丈夫""英雄""好汉"以及"士"等词语在不同的语境下基本指明男性应有的形象。"男性气质"一词的缺乏和汉语中与男性气质有关的丰富词汇形成了对比,显示了"中国文化下的男性气质并不是单一的概念","男性气质是涵盖很多因素和视角的复杂概念"[①]。

[①] Wu, Yulian, "Collecting Masculinity: Merchants and Gender Performance in Eighteenth-Century China", Beverly Bossler ed., *Gender & Chinese History: Transformative Encounters*, University of Washington Press, 2015, p. 61.

事实上，在中国本土文化中，对于性别和男性建构有着与"现代"（主要受到西方影响）话语完全不同的话语体系。① 对于中国传统文化语境下男性气质内涵的发掘将有利于我们从多元化视角认识男性气质建构，打破西方中心主义尤其是西方"霸权性男性气质"规范。21世纪以来，欧美汉学界以及国内学者展开了对于中国本土化男性研究的积极探索，研究成果主要体现为从以下几个方面分析中国前现代时期男性气质的特点。

一 同性社交和同性恋关系

研究中国前现代社会的男性气质内涵，我们必须意识到同性社交②（homosociality）的重要性。儒家社会强调男女有别，女性因此往往被限制在家庭范围之内，很难拥有和男性一样的公共活动空间。男性因此也与女性接触有限，他们往往是在与其他男性的社会交往中发展社会技能、建立情感联系和完成自我追求的。苏珊·曼（Susan Mann）认为"在封建社会晚期的中国社会里，占据统治地位的社会流动渠道（科举制度）决定了男性最重要的社交活动是在同性群体中完成的。这种文化里我们可以料想同性社会关系达到了一个非常高的水平"③。因此，"男性气质"在传统中国社会是在同性社交（homosocial）语境下产生的概念，缺少现代意义上的男女二元对立。

塔妮·巴洛（Tani E. Barlow）认为性别中的男性/女性、男性气质/女性气质以及同性恋/异性恋的二元对立范畴是伴随着中国社会的现代化从西方移植来的。④ 换句话说，中国前现代时期的性别以及男性气质内涵

---

① 宋耕：《男性研究的历史维度与现实意义》，《东吴学术》2018年第5期。
② 同性社交是由Eve Kosofsky Sedgwick提出的概念，指的是"同性之间的社会关系"。详细请参阅 *Between Men: English Literature and Male Homosocial Desire*, New York: Columbia University Press, 1985。
③ Mann, L. Susan, "The Male Bond in Chinese History and Culture", *The American Historical Review*, 2000, p. 1606.
④ Barlow, Tani E., "*Introduction: Gender, Writing, Feminism, China*", *Modern Chinese Literature*, 1988, pp. 7–17.

第一章 中美文化语境下的男性气质内涵和"跨不同"理论

也并不存在对同性恋的坚决排斥。事实上,施晔指出,中国古代同性恋的特色是"社会对同性恋持比较稳定的倾向于中立的反对态度","古代男风大体是在世人疑惑的目光下,以一种暧昧的状态存在于社会当中的"①。这点上既与中世纪西方坚决反对同性恋的态度迥异,也与古希腊罗马文化和基督教文化对同性恋的不同态度导致同性恋的面貌状况发生过明显改变不同。

对于中国传统文化语境下性别和同性关系的研究显示,男性同性关系对于男性社会身份的确立至关重要,不管这种同性关系中是否包含同性恋关系。中国古典文学中不乏对于男性英雄之间"兄弟情谊"(brotherhood)的呈现,他们之间不仅有忠诚、互信和互助的关系,而且存在情感和身体上的亲密关系。这种亲密关系,甚至在一些作品中上升到了性欲维度,在晚明之后的文学中得到更为明确的揭示。魏浊安(Giovanni Vitiello)在其著作《浪子之友:帝国晚期的同性恋与男性气质》(*The Libertine's Friend: Homosexuality and Masculinity in Late Imperial China*)中探究了明代后期《金瓶梅》《肉蒲团》《桃花影》等色情小说的发展史,探讨作品中男主人公对同性恋的态度进而分析男性气质标准的变化。他认为同性性欲关系在实践和想象中均占据重要位置,并通过文献分析指出男性同性关系是明代晚期之后性欲想象的重要组成部分,男性亲密关系在中国男性中被视为可以接受的正常情感。② 布雷德·欣施(Bred Hinsch)的著作则聚焦中国男性同性传统的建构和发展。在梳理了中国历史上不同种类型的男性同性关系之后,他指出,"同性亲密关系是可以被接受和尊重的,拥有自己的发展历史,而且这种亲密关系在形塑中国的政治机构,改变社会传统以及激发艺术创作上都发挥了作用"③。施晔梳理了从先秦到清代中国同性恋的发展历史,进而指出"中国古代在传统上

---

① 施晔:《暧昧的历程:中国古代同性恋史》,中州古籍出版社 2001 年版。
② Vitiello, Giovanni, *The Libertine's Friend: Homosexuality and Masculinity in Late Imperial China*, Chicago: University of Chicago Press, 2011.
③ Hinsch, Bred, *Passions of the Cut Sleeve: The Male Homosexual Tradition in China*, Berkley: University of California Press, 1990, p. 4.

对同性恋比较宽容，一个人只要能娶妻生子，则他在私生活中的其他方面有时并不被严格追究，社会对男风采取的是一种模棱两可的态度"，"也正是由于存在的环境相对宽松，同性恋者与其周围社会的对立和冲突也就相对不太激烈"①。同性恋和异性恋在中国古代文化传统中因此也并没有如同西方社会那样存在极为巨大的距离，缺少二元对立关系，陷入社会"恐同症"。男性同性亲密关系一方面并不存在同性恋的排斥和恐惧，另一方面即使涉及性维度，也鲜少受到道德的指摘和医学病理学的诊断，因此成为男性确立自我身份的重要内容。尽管中国在现代化的进程中由于受到西方影响出现了对同性恋的焦虑和压制态度，但是这样的同性传统在一定程度上也一直延续至今。②

但值得注意的是，前现代社会涉及同性欲望的亲密关系有着限制性的社会和文化内涵。男同性恋关系中往往存在权力等级关系，涉及的是社会地位和权力，而不是彼此之间的爱情。③ 这个论断将男性同性性关系置于权力基础上，因此和男性友谊拉开了差距。中国古代同性恋双方中存在着明显的主动—被动关系，两者之间体现为身体、性格、年龄等诸多方面的不平等，尤其是社会关系上的不平等。④ 同时对于同性亲密的包容并不意味着中国传统文化对同性恋的支持。传统农业社会对稳定家庭秩序和统一价值观的强调，决定了社会难以对同性恋采取支持的态度。事实上，中国传统社会中，同性亲密关系、情欲和实践都囊括在异性恋家庭和亲属结构之中。⑤ 即使是做表面文章，男性也要先通过娶妻成家作为自立于世的前提。

---

① 施晔：《暧昧的历程：中国古代同性恋史》，中州古籍出版社 2001 年版。

② Song Geng and Derek Hird, *Men and Masculinities in Contemporary China*, Leiden：Brill, 2014.

③ Mann L. Susan, *Gender and Sexuality in Modern China*, NY：Cambridge University Press, 2011, p. 139.

④ 施晔：《暧昧的历程：中国古代同性恋史》，中州古籍出版社 2001 年版。

⑤ Hinsch Bred., *Passions of the Cut Sleeve：The Male Homosexual Tradition in China*, Berkley：University of California Press, 1990; Dikotter F., *Sex, Culture and Modernity in China：Medical Science and the Construction of Sexual Identities in the Early Republican Period*, Honolulu：University of Hawaii Press, 1995.

二 文—武：中国男性气质建构的理论范式

作为中国男性气质研究的先行者，澳大利亚华裔学者雷金庆（Kam Louie）在其著作中提出了"文—武"框架作为理解中国文化男性建构的理论范式，并将讨论延展至当代中国社会中男性气质的"文—武"的变体。他认为在中国古代，尤其是儒家文化中，"文"和"武"都是衡量男子气概的标准。[①]"文"指的是上流社会中与文人相关的在文学和艺术上的追求。"武"指的是"身体力量和军事实力"，以及"决定何时使用武力的智慧"。最理想的状态是文武双全，但是只有少部分人可以同时兼具文武理想。雷金庆认为中国古代的孔子和关羽分别是文、武的理想男性气质代表，并进一步将讨论拓展到现代中国文化和电影，探讨"文—武"在全球语境中发生的变化。比如，理想的"文"在现代社会被更多赋予经济能力的内涵，而孔子也被看作是"拥抱商业资本的资本主义企业家"[②]。这本书将"文—武"作为中国男性气质的理论分析框架，也不乏对女性声音的关注。不过最重要的是，他分析了"文—武"理想作为一种文化建构，反映了多面的社会环境，而也正是在这种复杂语境中，"文—武"男性气质理想得以生成和改变。他的研究表明中国男性气质正在朝多元化和国际化的方向发展。

雷金庆的著作作为开山之作，对于中国男性气质研究有三点启发意义。第一，"文—武"范式成为理解中国男性建构的第一个理论方法和分析模式，挑战了西方性别和男性气质一统天下的局面。这是在中国本土语境下建立的与西方完全不同的男性气质话语体系。也正是雷金庆的研究鼓励更多研究者致力于对中国男性气质体系的发掘和重构，最终有助于我们从多元视角和真正全球化的高度来认识男性建构问题。第二，雷金庆的研究恢复了男性气质建构中一直以来被压抑的女性声音，讨论了

[①] Louie Kam, *Theorising Chinese Masculinity: Society and Gender in China* Cambridge: Cambridge University Press, 2002, p. 14.

[②] Louie Kam, *Theorising Chinese Masculinity: Society and Gender in China* Cambridge: Cambridge University Press, 2002, p. 43.

女性在男性气质建构中的作用和主体性。第三，雷金庆对中国男性气质的讨论从中国古代延展到全球化时代，探讨了"文—武"特质在现代所发生的变化。由此，他的研究便突破了单一的文化语境，进入到跨文化语篇中。以上三点对本书分析李安电影中的男性气质也具有很大借鉴意义。本书不仅透过中西文化视角解析电影中的个体男性气质构建，而且探究男性建构在中西文化的激烈碰撞和协商之下呈现出的改变和发展，尤其注重思考中国传统文化在提高当今男性气质认识和男性身份建构上可能蕴藏的宝贵理论和实践价值。

三 "阴/阳"性别观和文弱书生形象

在充分肯定了"文—武"作为中国男性气质建构的理论模式之后，学者宋耕指出"文—武"模式无法囊括对中国古代男性气质的全面理解。他指出"文—武"都是男性在公共领域取得的成就，可以反映官方话语中的理想男性标准。但是在私人领域，尤其是男性性欲方面，"文—武"无法适用。而且他认为"文—武"二分法依然是在西方性别范式下构建出来的，而中国前现代性别话语中并不存在二元对立。因此在《文弱书生：中国文化中的权力与男性建构》(*The Fragile Scholar: Power and Masculinity in Chinese Culture*) 一书中，宋耕通过对才子佳人小说中的理想男性"书生"这一特殊形象的探讨，指出中国传统文化下的性别语篇"与其说是建立在'男/女'身份的对立之上，不如说是建立在权力关系的基础上"的，"所谓的'同性恋''异性恋'都可以归入等级化的'阴/阳'之中"[①]。也就是说，宋耕认为只有在阴阳图释中才能摆脱西方性别范式对中国男性气质研究的束缚，发掘中国前现代性别角色和男性气质的深层次内涵。

宋耕提出来的"阴/阳"理论框架为我们解读前现代的性别建构提供了一个非常重要的切入点。"阴/阳"虽然包含"男/女"的含义，但是却不等同于"男/女"，由于古代中国并没有男/女的二元对立，他指出

---

① 宋耕：《解构爱情话语——〈西厢记〉新解》，《文学评论丛刊》2004年第2期。

"阴/阳"强调的是儒家性别中"权力关系和在社会政治中不断变化的位置"①,反映的是中国前现代时期性别关系的流动性和模糊性。在著作中,宋耕认为"阴/阳"性别观可以解释中国文学和历史中出现的大量男性形象和男性气质。他认为,中国古代的性别话语是建立在权力关系的基础上,性别中的男性气质和女性气质与"阴/阳"一样是相对存在的。比如屈原在楚怀王面前常以花草自喻,处于"阴"的位置;而在其他男性和妻妾子女面前,又是处于"阳"的位置。这种流动性的"阴/阳"性别观念为其追溯文弱书生形象的渊源和流变提供了理论依据。②

通过对《西厢记》中张生形象的分析解读,宋耕探讨了中国古代文学中"书生"形象的演变和作为古代理想的男性形象的原因。尽管用现在的男性气质标准来看,弱不禁风、手无缚鸡之力的书生是阴柔的男性形象,缺乏阳刚之气,但是由于在儒家等级社会中占据了权力位置,他们往往是女性青睐的对象。而又与武官对女性的排斥不同,文弱书生往往通过与女主角的浪漫爱情和缔结良缘进一步确立其男性气概。这类文学和戏曲是当时的文人对自身形象的"投射",同时又反过来影响了当时社会上的性别观念和择偶标准。

宋耕所提出来的中国前现代时期流动性的性别关系,正反映了目前西方社会前沿的性别思想所强调的性别多元化和流动性。也正说明对中国前现代时期性别观点的挖掘和重构在当代世界性别朝向多元化方向发展的潮流中具有积极的理论和实践意义。尤其重要的是,宋耕对中国古代的性别和男性气质分析跳出了西方性别范式,从中国本土文化出发,体现了"中国性",是对西方中心主义和殖民话语的有力批判。

以上研究均尝试跳出西方性别和男性气质理论的视阈,从中国文化自身话语体系中还原两性关系,揭示出中国传统文化语境下性别的流动性和模糊性。中国传统社会中男女两性是阴阳互补与融合的关系。传统

---

① 宋耕:《男性研究的历史维度与现实意义》,《东吴学术》2018年第5期。
② Song Geng, *The Fragile Scholar: Power and Masculinity in Chinese Culture*, Hong Kong: Hong Kong University Press, 2004.

跨文化空间里的男性气质互动

中国用阴阳二元论的思想方法去认识性别与身体，不存在西方性别认识中的女性本体性焦虑。艾梅兰认为，区别于西方世界所认知的个人身体生物性本质奠定性别身份的模式，中国人更看重表现两性之间的均衡关系，而这种均衡是自然与社会秩序共同作用的结果。① 费侠莉在《繁盛之阴》一书中提出了"黄帝的身体"的概念。② 她认为男性和女性的身体在不断变化融合，在相互渗透的物质和能量的连续体上是同源的，这一概念意味着身体内有更多可能的阴阳培植，可能会因时间和环境的不同而有所不同。因此阴和阳被命名为身体自然的阳性或者阴性方面，其比例范围根据个人而变化。"黄帝的身体"意味着阴阳共存的状态。决定一个人性别认同的是这个人阴阳物质的特定组合。如果一个人的阳刚之气占优势，那么这个人就被认为是男性，与之相反，女性的认定则与阴柔之气相关。这里设想的性别模式是从阳到阴的连续统一体，性别之间的区别被假定为相对的而不是绝对的。

由自然的身体引申而来的是社会等级的相对性，当面对不同的层级对象、社会身份变化时，男性可以是"阴"，女性也可以是"阳"。《红楼梦》中史湘云就与丫鬟翠缕论过阴阳，翠缕道："姑娘是阳，我就是阴。"③ 再例如屈原开创的"香草美人"传统。臣子与美人在儒家构建的阴阳伦理层级中具有相似的地位和审美属性，因而产生了逻辑结构之外、抽象结构之中的联想，并作为一种固定的象征性结构传承。性别象征意义的广泛存在，证明了中国性别关系与权力关系的紧密结合，揭示了中国前现代社会中性别观念的丰富性。

艾梅兰、费侠莉、雷金庆、宋耕等学者对中国男性气质的探讨呈现出一种共同的倾向，即试图从中国传统文化语境出发，尽量淡化西方性别理论的影响，尝试总结出中国传统文化语境下的性别关系和男性气质

---

① 艾梅兰：《竞争的话语：明清小说中的正统性、本真性及所生成之意义》，罗琳译，江苏人民出版社2004年版。

② [美]费侠莉：《繁盛之阴：中国医学史中的性（960—1665）》，甄橙主译，凤凰出版传媒集团、江苏人民出版社2006年版，第24页。

③ 曹雪芹、高鹗：《红楼梦》，人民文学出版社2008年版。

内涵。无论是"文—武"模式还是"文弱书生",抑或是两者的结合体,这些与西方男性气质迥异的中国古代理想男性形象,对本书探索李安电影中男性形象的书写样貌有很大启发。

李安出生在一个传统的儒家家庭,成年后赴美留学,他的电影始终贯穿着对中国传统文化,尤其是对儒家文化传统的反思。在性别方面,李安电影一方面对中国传统文化中的父亲形象十分关注,拍摄了《推手》《喜宴》《饮食男女》"中国父亲三部曲"。另一方面,李安将处于边缘位置的人群——女性和同性恋——置于叙事的核心位置,拍摄了《断背山》《色·戒》等影片。更加值得关注的是,李安在其拍摄的西方电影中巧妙地融入了他的东方视角,无论是大获成功的《断背山》《理智与情感》,还是遭遇票房滑铁卢的《绿巨人浩克》《冰风暴》,均可见李安对中国传统艺术观念的展现和对中西性别思想的反思。因此,分析李安电影中的性别形象,除了上述中外学者对中国传统男性气质的发现之外,我们还有必要进一步梳理儒家思想中的性别观念和男性气质内涵,以期深入全面把握李安电影中的男性面貌。事实上,在关于中国前现代语境下性别和男性气质的探讨中,儒家思想的影响一直存在着。中国的性别观念是在阴阳自然属性,与儒家伦理文本强调的阴阳社会秩序下共同作用的结果。[①] 中国传统文本中的"香草美人"传统也正体现了中国儒家社会中严格的等级秩序,以及性别与权力关系的对等性。儒家思想作为中国正统思想长达2000多年,尽管在20世纪现代化的过程中,儒家思想一度受到挑战和冲击,但是它对于形塑中国传统文化中的理想男性产生了巨大影响,而且这种影响一直延续到当代中国社会。本书尝试从儒家文学经典中梳理概括关于理想男性气质的描述,以进一步分析李安电影中的男性气质多元化书写。

四 儒家人伦关系中建构的理想男性气质和"君子"形象

中国传统文化是以儒家思想为核心,以儒、释、道思想为杂糅的一

---

① 王祖琪:《阴阳:欧美汉学界明清小说研究的一个性别视角》,《中国比较文学》2022年第4期。

体多元的文化结构。占据中国传统文化主流地位的儒家思想十分重视等级秩序，对男女性别差异的理解与西方文化有所不同。一方面，儒家社会强调男女有别，但是更侧重的并不是男女两性的生理差异，而是社会属性上的差异，即在身份、地位、社会分工等方面的不同。另一方面，它积极提倡两性和谐，试图与儒家文化的"社会本位"和"天下为公"的文化品位保持一致。①在儒家思想中，男尊女卑、男主女从、男主外女主内的性别差异观居于主导地位，并成为中国封建社会主流意识形态的重要组成部分，从本质上说是一种男权文化。但是这种男权文化却又没有向西方中世纪社会一样走向从各方面贬低女性，甚至认为女性是劣等生物的极端。家和万事兴，夫唱妇随的两性和谐观念一直以来都是官方和民间话语的重要组成部分。②这样的性别观念也决定了中国传统社会对理想男性的想象与西方社会一直以来存在着较大区别。

在西方男性气质理论的发展历程中，性角色理论（sex role theory）从20世纪二三十年代到80年代一直占据主导地位。不同学科在研究男性气质时都立足于性角色理论，强调男女不同角色是所有研究的核心。性角色理论强调，作为一个男人或者女人就意味着扮演人们对某一性别的一整套期望，即性角色。任何文化背景下都有两种性角色：男性角色和女性角色。性角色理论区分了男性气质与女性气质的不同，与男性联系在一起的是技术熟练、进取心、主动、竞争力、抽象认知，而与女性联系在一起的是自然感情、亲和力、被动，等等。男性气质和女性气质很容易被解释为内化的角色，它们是社会习得或社会化的产物。按照这一理论，男性气质被视为特定环境中的特定角色，是同生理性别相结合的社会文化建构。③

以性角色观之，以儒家思想为核心的中国传统文化的宗旨就是试图让处于社会关系中的每个人都能扮演好各自的角色，进而维护社会秩序

---

① 李娟：《儒家思想中的性别差异与角色定位》，《云南社会科学》2013年第1期。
② 李娟：《儒家思想中的性别差异与角色定位》，《云南社会科学》2013年第1期。
③ 方刚：《男性研究与男性运动》，山东人民出版社2008年版。

的稳定。① 儒家文化十分注重君子之道，强调修身、齐家、治国、平天下。儒家文化中的君子之道理论上应该可以泛指处于社会关系中的每个人，期待每个人、无论男女都可以成为君子。因此，儒家思想里的君子，一方面是理想男性气质的代表，集中体现着儒家社会对男性的性别角色期待。另一方面，这种理想男性气质实际上又超越了西方性角色理论中的男女二分法，将君子之风上升为普遍的超越生理差异的理想道德品质。这一点也暗合了汉学家们对中国传统文化中缺乏男女性别二元对立的考察结果。那么，君子如何扮演好自身的社会角色呢？或者君子所代表的理想男性气质是如何形成的？

"君子素其位而行，不愿乎其外。"②君子的行为和思想都要与现有的角色、身份和地位相符合，遵守礼法。就是"素富贵，行乎富贵；素贫贱，行乎贫贱；素夷狄，行乎夷狄；素患难，行乎患难"③。除了《中庸》的原则性论述，《论语》则具体阐述了君子在处理社会关系时应该遵循的思想道德和行为规范。这些规范以五伦关系为核心，涉及社会生活、政治生活各个层面。在孔子看来，整个社会秩序的维持和发展，关键就在于每个人在五伦关系中扮演好各自的角色。史载，"鲁乱，孔子适齐，为高昭子家臣，欲以通乎景公"④。齐景公问政于孔子，孔子曰："君君，臣臣，父父，子子"。齐景公表示认可，曰："善哉！信如君不君，臣不臣，父不父，子不子，虽有粟，吾得而食诸？"⑤因此，儒家思想里的理想男性气质是在五伦关系中形成的，符合人之常情，带有浓厚的现实主义色彩，以人伦为核心，以家族为载体，实现了社会制度和社会文化的延续和发展。⑥

"人伦有五"的说法最早由孟子提出，在儒家典籍中，对"五伦"

---

① 李娟：《儒家思想中的性别差异与角色定位》，《云南社会科学》2013年第1期。
② 王国轩译注：《大学·中庸》，中华书局2006年版。
③ 王国轩译注：《大学·中庸》，中华书局2006年版。
④ 司马迁：《史记·孔子世家》，张大可辑评，长江文艺出版社2007年版。
⑤ 杨伯峻译注：《论语译注》，中华书局2006年版。
⑥ 李娟：《儒家思想中的性别差异与角色定位》，《云南社会科学》2013年第1期。

的完整表述有二：

> 天下之达道五，所以行之者三。曰：君臣也、父子也、夫妇也、昆弟①也、朋友之交也。五者，天下之达道也。②

> 使契为司徒，教以人伦，父子有亲，君臣有义，夫妇有别，长幼有序，朋友有信。③

《中庸》与《孟子》中对"五伦"的表述稍有不同，前者讲"昆弟"而后者讲"长幼"。实际上，尽管孟子对"五伦"话语的确定厥功至伟，但真正得到沿用的表述来自《中庸》。在"五伦"被确定为"父子""君臣""夫妇""兄弟""朋友"之后，其他诸如"姑嫂""甥舅"之类的社会关系都可以比附到与之相近的某一伦中。④

伦，从词源上看，既指"关系"，又有"条理""类别""秩序"之意。⑤费孝通在《乡土中国》一书中指出，传统的中国社会是一个熟人社会，其关系结构是同心圆式的，"以'己'为中心，像石子一般投入水中，和别人所联系成的社会关系……像水的波纹一般，一圈圈推出去，愈推愈远，也愈推愈薄"⑥。儒家所谓的人伦，就是"从自己推出去的和自己发生社会关系的那一群人里所发生的一轮轮波纹的差异"⑦。人们在相互交往中形成了各种不同类型的人伦，在这个"五伦"中存在一个由己出发、由近及远而亲疏不同的关系网络。离"己"越远，重要性与亲密程度越低，相应的责任义务也随之减少。儒家思想对不同人伦关系的差异化态度，最终得以形成一种伦理关系的差序格局。儒家重视人伦，不仅仅是为了创建和谐的人际关系，而是有着更为宏大的旨趣与理想。⑧《中庸》称五伦为"五达道"。所谓"道"便是指道路、轨道。人伦作为

---

① "昆弟"即兄弟。
② 朱熹：《四书章句集注》，上海古籍出版社 2014 年版。
③ 朱熹：《四书章句集注》，上海古籍出版社 2014 年版。
④ 秦鹏飞：《儒家思想中的"关系"逻辑》，《社会学研究》2020 年第 1 期。
⑤ 潘光旦：《潘光旦文集（第十卷）》，北京大学出版社 2000 年版。
⑥ 费孝通：《乡土中国》，生活·读书·新知三联书店 1985 年版。
⑦ 费孝通：《乡土中国》，生活·读书·新知三联书店 1985 年版。
⑧ 王硕：《儒家友伦的道德意涵新辨》，《道德与文明》2016 年第 2 期。

日常生活的轨道,是人所共由的。而其所通达的目标,便是《大学》所说的"修身、齐家、治国、平天下",塑造儒家社会所需要的理想男性——君子。下面通过对"五伦"中的父子、夫妇和朋友三种关系的梳理,总结君子形象包含的具体男性特质,为进一步探讨李安电影中的男性气质建构奠定理论基础。①

父子关系

在中国传统文化下讨论男性气概不能不提父职(fatherhood),两者难以分割。在儒家社会,男性的身份和存在的意义直到他通过结婚生子延续下一代才能最终确立,对于父亲身份而言,最重要的责任之一就是培养一个孝子以免辱没门楣。父子关系是儒家伦理关系的核心,而"孝"则是父子关系的核心。"孝"对中国前现代时期的男性和男性气质内涵产生了重大影响。可以说,是否将孝道提升到理想男性气质的高度,是中西男性气质的显著不同。②

孝道是中国传统伦理道德的基础。儒家经典《孝经》第一章《开宗明义》曰:"夫孝,德之本也,教之所由生也。复坐,吾语汝。身体发肤,受之父母,不敢毁伤,孝之始也。立身行道,扬名于后世,以显父母,孝之终也。夫孝始于事亲,中于事君,终于立身。"《大雅》云:"无念尔祖,聿修厥德。"

这段话强调了"孝"的地位并说明了孝的内核,将敬亲、顺亲、养亲发展成个人,尤其是男性效忠国家,建功立业的高度。孝亲事亲,仅仅是"孝之始"。"孝"最重要的,却不是奉养敬顺双亲于膝下,而是能够名扬后世,荣显父母。扬名后世,就要建功立业,立身行道。在这个意义上,理想男性形象便和"孝"这一伦理道德联系在一起。士人君子,其情志不仅在于乐天知命,孝养父母,更在于一种对国家社会的责任担当。《礼记·祭义》有云:"身也者,父母之遗体也。行父母之遗体,敢

---

① 由于文书分析的电影中男性形象只涉及父子、夫妇以及朋友三种人伦关系,对君臣以及兄弟关系中君子的男性气质暂不做探讨。

② Hinsch Bred, *Masculinities in Chinese History*, Lanham, Maryland: Rowman & Littlefield Publishers, Inc., 2013, p. 8.

不敬乎？居住不庄，非孝也；事君不忠，非孝也；朋友不信，非孝也；战陈无勇，非孝也。五者不遂，灾及于亲。敢不敬乎？"

孝的范围由父子关系进一步扩大至与君主以及朋友的关系，孝的责任也由家庭领域进入公共领域。在这个意义上，孝便成为理想男性的行为规范，成为构建理想男性形象的基础。孝顺既是一种责任，也是普通男性构建理想男性气质的机会。① 在官吏的选拔中，汉代就有举孝廉一科。而在历代评价机制中，孝亲也是朝廷考核官员的一大标准。因此在中国历史和文学中不乏通过彰显孝道获得社会认可和晋升通道的例子。对于不孝的惩治，则自先秦就有，在《唐律》中则针对不孝的具体内容分别给出了相应的惩处方法。

在孝这一核心原则下，儒家社会的父子关系首先强调的是双方的责任。"为人子止于孝，为人父止于慈。"②为人父母须承担抚养子女的责任。母之于子，其职以照料日常生活为主，而父职更重要的是对子嗣的教育。"父子者，何谓也？父者，矩也，以法度教子也。子者，孳也，孳孳无已也。"③ 儒家文化下的父亲形象是严肃而庄重的。父亲应该避免和儿子成为朋友而降低自己的威信，父亲应该使自己成为儿子眼中的英雄，这样他才值得儿子仰望、尊重和服从。④ 父之教子，重在培养品德，"养子弟如养芝兰，既积学以培植之，又积善以滋润之。人家子弟惟可使觌德，不可使觌利"⑤。若仅着眼于饮食衣服之爱而忽视对其子的教育，则被视为"小慈"不足取法，"父子之间不可溺于小慈，自小律之以威、绳之以礼，则长无不肖之悔。教子有五：导其性、广其志、养其才、鼓其气、攻其病，废一不可"⑥。在这个意义上，父亲其实是儒家道德伦理和

---

① Hinsch Bred, *Masculinities in Chinese History*, Lanham, Maryland: Rowman & Littlefield Publishers, Inc., 2013, p. 8.
② 郑玄注，孔颖达疏：《礼记正义》，北京大学出版社2000年版。
③ 陈立撰，吴则虞点校：《白虎通疏证》，中华书局1994年版。
④ Dawson, Miles Menander, *The Ethics of Confucius*, University Press of the Pacific, 2005, p. 154.
⑤ 刘清之：《戒子通录》，《文渊阁四库全书》第703册，台湾商务印书馆1986年版。
⑥ 刘清之：《戒子通录》，《文渊阁四库全书》第703册，台湾商务印书馆1986年版。

社会标准的守护者，负责教育、引导儿子的行为。儒家伦理中的父子关系因而也就着重强调社会等级、名声以及是否符合社会规范，而少了父子亲密关系的情感表达。

但这也并不意味着儒家伦理中父子之间只有心理距离而没有爱和亲密，只是两者之间细腻的情感表达受到"严父"的形象限制，很难被看到。在教养子嗣的过程中，父亲不可忽视父子亲情，尤其是父亲对于儿子的慈爱和关心："夫为人父者，必怀慈仁之爱……冠子不詈，髦子不笞，听其微谏，无令忧之。"① 父之于子，既以仁爱之心鞠养抚育，又能以亲切之意教子以道，方可称慈父。儒家思想体系中对慈父典范的书写和弘扬大力彰显了教子以道的父职。父对子的道德培养与亲情关爱并行不悖。父以慈爱之心育子而不谋功利，教子以道不使其惑于利禄。②

赡养其亲使无饥寒之虑，是儒家社会伦理对子职的基本要求。《孝经》中强调："谨慎节用，以养父母。"《礼记》则有言："父母在，不敢有其身，不敢私其财。"这些陈述表明父亲在家庭中占据支配地位，明显高于儿子，儿子则必须优先考虑父亲的需求，让其老有所养。然而孔子对这些普通人践行孝道的要求并不满意，他进一步提出："今之孝者，是谓能养。至于犬马，皆能有养；不敬，何以别乎？"③孔子从礼的角度对孝也有明确定义："孟懿子问孝。子曰：'无违'……'生，事之以礼。死，葬之以礼，祭之以礼。'"④孝养其亲不仅是从物质上供养，为孝必敬，敬必循礼，能以爱敬事亲、遵礼无违才符合儒家思想对子职的要求。在孔子的基础上，曾子对子职提出了"先意承志"的进一步要求："君子之所为孝者，先意承志，谕父母于道。"⑤曾子认为，子以爱敬事亲，父母有过，谏而不逆，故父母安之。孝子当与其亲心意相通，不逆亲言而尽晓其心，"孝子之养老也，乐其心，不违其志……是故父母之所爱亦爱

---

① 韩婴撰，许维遹校释：《韩诗外传集释》，中华书局1980年版。
② 孔妮妮：《孝与道：南宋诸儒对父子关系的典范书写》，《江汉论坛》2021年第8期。
③ 何晏注，邢昺疏：《论语注疏》，北京大学出版社2000年版。
④ 何晏注，邢昺疏：《论语注疏》，北京大学出版社2000年版。
⑤ 郑玄注，孔颖达疏：《礼记正义》，北京大学出版社2000年版。

之，父母之所敬亦敬之"①。孔子和曾子都强调父子关系中儿子对于父亲的敬爱和顺从才是应该秉承的孝道，倾向于在父子亲情的书写中塑造爱敬无违、失意承志的孝子典范，因而也确立了父子关系中父亲的绝对权威。践行孝道，儿子不仅需要让父亲老有所依，而且需要在生活日常中顺从敬爱父亲。因此，克制自我独立的欲望而对父亲表现出顺从，正是证明男性的成熟，彰显其"男性意志的力量"的关键。② 理解这种以孝顺为核心，强调父亲权威地位以及限制情感亲密表达的父子关系可以有效帮助解读李安电影中对于父子关系的描绘，尤其是跨文化空间中父子之间的矛盾和冲突。

父亲形象是李安电影中最为突出的男性形象，"父亲三部曲"中的中国父亲形象集中体现了李安对儒家思想中父子关系的反思，这种反思也延续到其外语片《绿巨人浩克》《冰风暴》《断背山》等影片中。李安曾说："我成长在家父长制的阴影下，它对我产生极大影响。过去我不晓得我的人生要些什么，但我清楚必须取悦我的父亲……以前我都没能依随他的脚步有着深深的愧疚。但我反而成为一个有趣的家伙，想拍电影。某种程度上这部分成为我的创意来源，和我看世界的一种反讽方式……纵观我所有的作品，我总是想着拍电影是个逃避的方式，可是你总是必须回到你的最初。你试着离它们远远地，但却会不断回收。这就是我父亲的影响。"③ 李安电影中挥之不去的父子矛盾情节，既是他个人经历的体现，也是他作为跨文化导演对儒家传统父子关系的现代反思。

夫妇关系或男性/女性关系

儒家社会的男性如何在夫妇关系中彰显理想男性特质或者君子之风？一方面，儒家社会的理想男性必须在家庭中处于主导地位，在社会公共领域中拥有一席之地。《周易》对两性关系的界定体现出男性主导和内外的不同社会分工。《周易·家人》卦辞曰："女正位乎内，男正位乎外。

---

① 郑玄注，孔颖达疏：《礼记正义》，北京大学出版社2000年版。
② Hinsch Bred, *Masculinities in Chinese History*, Lanham, Maryland: Rowman & Littlefield Publishers, Inc., 2013, p. 8.
③ 张靓蓓编著：《十年一觉电影梦：李安传》，人民文学出版社2007年版。

男女正，天地之大义也。"① 儒家社会对男女在婚姻家庭上具有明显的双重标准。女性不仅没有任何选择权和自主权，而且要求遵循三从四德，被牢固捆绑在家庭生活中，承担着抚育儿女、赡养父母、操持家务等无报酬的家务劳动。女性在中国前现代社会是由他们的家庭角色，比如女儿、妻子、母亲等身份决定的。② 父母对其的养育目的就在于将她嫁出去，因而她从小就被灌输要服从父亲、丈夫和公婆。在中国传统婚礼中，新郎需要亲自去新娘家将其娶进门，意味着新娘从此加入丈夫的家庭，孝顺公婆。《礼记》有云："成妇礼，明妇顺，又申之以著代，所以重责妇顺焉。"作为夫家家庭的"入侵者"，媳妇不仅在婆家地位低下，而且常常被视为婆家家庭和谐的威胁。男性则往往被要求规避女性，尤其是妻子的"枕边风"，以完成对家庭和社会的道德责任，③ 当妻子有违反礼法之言行，丈夫可以休妻——"夫有再娶之义，妇无二适之文"④。

另一方面，尽管带有强烈男权色彩的性别差异文化在儒家社会占据绝对主导地位，但家和万事兴，夫唱妇随的两性和谐观念依然是官方和民间话语的重要组成部分。⑤ "男性对女性表现出卑下的姿态是合乎天理大道的。"⑥ 如《周易·咸》卦辞曰："柔上而刚下，二气感应以相与。止而说，男下女，是以'亨利贞，取女吉'也。"⑦也就是说，两性关系中，虽然男性占据主导地位，但是阴柔居于阳刚之上，男性有时对女性作出卑下的姿态，是大吉大利的征兆，是值得称许的。《中庸》指出"率性之谓道"，所谓"道"就是"人物各循其性之自然，则其日用事物之

---

① 杨天才、张善文：《周易》，中华书局2010年版。
② Barlow, Tani E., "Theorizing Woman: Funü, Guojia, Jiating", *Genders*, 1991, p. 133.
③ Furth Charlotte, "The Patriarch's Legacy: Household Instructions and the Translation of Orthodox Values", Kwang-ching Liu ed., *Orthodoxy in Late Imperial China*, Berkley: University of California Press, 1990, pp. 196-197.
④ 川丽：《中国女性史》，三秦出版社1987年版。
⑤ 李娟：《儒家思想中的性别差异与角色定位》，《云南社会科学》2013年第1期。
⑥ 乔以钢、陈千里：《〈周易〉与〈礼记〉家庭观念之比较》，《中国古代文学与文化的性别审视》，南开大学出版社2009年版。
⑦ 杨天才、张善文：《周易》，中华书局2010年版。

间，未不各有当行之路，是则所谓道也"①，而"君子之道，造端乎夫妇，乃其至也，察乎天地"②。因此"夫"和"妇"同样也应该各循其性，遵循道；"妇"和"夫"同样也是君子之道的实践来源。

对儒家社会夫妇关系或是男女性关系的探讨需要进一步引申至关于"男性气质"与"女性气质"的关系研究。一方面由于儒家传统社会中女性从男性主导的公共领域的彻底消失，另一方面由于性别建构受到阴阳概念的影响，"男性气质"与"女性之气"并不完全依赖于异性恋矩阵（heterosexual matrix）中呈现自身的特点，③而是呈现出变化流动、互相依存又彼此竞争的复杂关系。

艾梅兰在16—19世纪思想史的背景下，讨论了明清小说中"女性气质"的生成以及审美寓意。④艾梅兰指出，晚明时期文人关于仕途的儒家理想被腐败的官场制度以及王朝的飘摇所湮灭，自我身份认同焦虑不断加剧。在此思想文化下，与官僚体质无关的"女性气质"则象征着一种未受污染、绝对纯洁的本真性主体身份（position）被高度理想化。因此，晚明以来的文人在文本中让女性扮演男性角色是化解自我身份焦虑的有效手段。这种与官僚政治对立的"女性气质"甚至一度被建构成一种男性典范。最有代表性的例子便是《红楼梦》，艾梅兰指出，贾宝玉对女性的理解、爱护和倾慕，与其说是对女性地位的同情，不如说是对高度理想化"女性气质"的推崇。艾梅兰对明清小说中"女性气质"的研究超越了将"女性气质"等同女性的做法，强调"女性气质"和"男性气质"在文学语境中作为文化想象符号，具有超越社会上关于妇女身份地位之争的意义。这一点也和"男性气质"研究者黄卫总的探讨形成互照。

---

① 杨天才、张善文：《周易》，中华书局2010年版。
② 王国轩译注：《大学·中庸》，中华书局2006年版。
③ 朱迪斯·巴特勒：《性别麻烦：女性主义与身份的颠覆》，宋素凤译，上海三联书店2009年版。
④ 艾梅兰：《竞争的话语：明清小说中的正统性、本真性及所生产的意义》，罗琳译，江苏人民出版社2004年版。

第一章 中美文化语境下的男性气质内涵和"跨不同"理论

黄卫总（Martin Huang）的代表作《论中国帝国晚期的男性气质》（*Negotiating Masculinities in Late Imperial China*）探讨了《三国演义》《水浒传》等多部明清小说中的男性气质建构，他指出作为建构男性气质的重要"他者"，女性以及女性气质和男性以及男性气质的关系在前现代中国社会和西方社会大为不同。他指出，性别是一个相对的概念，女性气质或者女性作为"他者"在建构中国男性气质上有"差别化"（the strategy of differentiation）和"类比化"（the strategy of analogy）两种策略。[1] 前者是指男性通过否定女性特质确立男性阳刚之气，后者则是通过彰显女性特质构建男性气概。在《三国演义》等小说中，这两种策略被同时运用到小说男性形象的建构中。一方面，女性是对"男性气质"建构的威胁；另一方面，男性拥有女性特质并不意味着缺乏阳刚之气，恰恰相反，这些女性特征往往代表着男性之美。比如中国古典名著《红楼梦》中的贾宝玉就是这一形象的典型代表：面若中秋之月，色如春晓之花。鬓若刀裁，眉如墨画，面如桃瓣，目若秋波。虽怒时而若笑，即嗔视而有情。这样的描绘展现出贾宝玉诸多女性特质，确立了他作为贵族男性的男性身份。有学者认为，清朝以来，中国社会各个等级的男性都极力展示出"玉肤、纤弱、指如削葱根、面如桃花"等女性特质。[2] 这些女性特质在理想男性气质中的出现表明男性气质和女性气质之间并无绝对的界限，二者之间是可以流动的，这也是中国前现代时期的男性气质内涵和西方明显的不同之一。

李安电影对性别中的弱势群体——女性和同性恋——给予了较多的关注，常常将他们置于叙事的核心位置。中国前现代的性别思想往往成为他打破性别偏见，挑战主流性别再现模式的主要手段。但是李安在积极肯定女性和同性恋的权利时，并没有从根本上动摇主流的性别秩序和

---

[1] Huang Martin, "*Negotiating Masculinities in Late Imperial China*", Honolulu: University of Hawaii Press, 2006.

[2] Wu Cuncun., "'Beautiful Boys Made Up as Beautiful Girls': Anti-Masculine Taste in Qing China", Kam Louie and Morris Low eds., *Asian Masculinities: The Meaning and Practice of Manhood in China and Japan*, London: Routledge Curzon, 2003, pp. 22–23.

观念：无论是强有力的女性形象，还是催人泪下的同志感情，都在一定程度上确证了父权制象征秩序的合法性。

男性友谊

在一个女性基本从公共领域消失的社会，男性同性社交自然成为个人身份建构最重要的部分。儒家伦理强调男性同性之间的亲密关系，男性友谊是理想男性气质非常重要的特质。传统中国社会中的友谊"基本是男性之间特有的，很大程度上可以看作是男性特权"[1]。拥有很多同性朋友意味着这个男性有远游和广交的能力，因而是其男性气概的重要标志。最重要的是，儒家思想将男性友谊作为理想男性获得自我道德修养必不可少的一部分。《论语》中有言："君子以文会友，以友辅仁。"没有志同道合的朋友的帮助，一个人是很难达到孔子所说的圣人境界的。[2]

孔子多次强调友谊在成就君子上的重要性，交友体现了理想男性君子的道德品格。儒家将"志同道合"作为交友的核心标准："儒有合志同方，营道同术；并立则乐，相下不厌；久不相见，闻流言不信；其行本方立义，同而进，不同而退。其交友有如此者。"在儒家看来，朋友是以价值相同为基础的伦理关系，对天道有共同的信仰，并以成圣成贤，为生民立命、为天地立心为理想。[3] 道德人格上的相知相惜是儒者友谊的首要特质。故孟子曰："友也者，友其德也。"孔子曰："益者三友，损者三友。友直、友谅、友多闻，益矣。友便辟，友善柔，友便佞，损矣。"这里孔子总结了交友的具体标准，表明要成为益友，男性必须正直、真诚、博学多才，这也是理想男性气质的特质。同辈之间因为心灵相契、品德相通而结伴，彼此之间承担着诸多相互的责任和义务。比如在对方贫苦时给予物质上的救济，精神上的抚慰；在婚丧嫁娶等具体家庭事务上给予协助；在对方离世后为其收遗骸、抚遗孤；甚至可以在关键性的大节大义上为朋友牺牲个人性命。当人们面对人生不顺遂的境遇时，都可以

---

[1] Huang, Martin, "Male Friendship in Ming China: An Introduction", *Nan Nü*, 2007, p. 5.
[2] Huang, Martin, "Male Friendship in Ming China: An Introduction", *Nan Nü*, 2007, p. 31.
[3] 王硕：《儒家友伦的道德意涵新辨》，《道德与文明》2016年第2期。

在朋友处获得理解与支持。晚明顾大韶就曾说："进而不得意于君臣之间，有不退而告朋友者乎？入而不得意于父子兄弟之间，有不出而告朋友者乎？甚至肝膈之语、忌讳之私有不可告妻子而可以告朋友者。则朋友之大，其无对于天下明矣。"①

"志同道合"体现的是朋友相交的核心原则，而维持朋友关系的伦理规范则体现出儒家社会对男性理想道德品质"信"的强调。在五伦关系中，人们普遍认为父子、兄弟、夫妇、君臣关系都是不可随意改变或断绝的，否则有违天理。但是朋友关系却十分特殊。朋友之间既有交好，也有交恶，即使出现双方绝交的情况也并不罕见，并为社会所接受。这一特点既说明了朋友关系的不稳定性，也强调了维持这种关系的不易。朋友之间要维持友好长久的关系就要求个人必须坚守"信"这一核心道德品质。孟子谓"圣人立教"，"父子有亲，君臣有义，夫妇有别，长幼有序，朋友有信"。"信"是维持朋友关系最主要的原则。曾子曰："吾日三省吾身：为人谋而不忠乎？与朋友交而不信乎？传不习乎？"信，即真诚无伪，要求朋友之间彼此交心、坦诚相待、信守承诺。孔子曰："弟子入则孝，出则弟，谨而有信，泛爱众，而亲仁。"《中庸》曰："在下位不获乎上，民不可得而治矣；获乎上有道：不信乎朋友，不获乎上矣；信乎朋友有道；不顺乎亲，不信乎朋友矣；顺乎亲有道：反诸身不诚，不顺乎亲矣；诚身有道：不明乎善，不诚乎身矣。"可以看出，儒家十分强调"信"在朋友关系中的核心价值，也说明朋友关系与个人修身成德之间始终保持着直接紧密的联系。

儒家强调"为仁由己"，认为理想人格的实现从根本上依赖于个人的自觉与自立。但是人无法全面认识自己的不足，这时候必须有他人的监督与帮助。朋友之间相互责善，是个人成就理想道德、修炼理想人格的重要保证。陆九渊曾说："人之精爽，负于血气，其发露于无官者安得皆正？不得明师良友剖剥，如何得去浮伪而归于真实？又如何得能自省、

---

① 顾大韶：《炳烛斋稿》，《四库禁毁书丛刊·集部》第 104 册，北京出版社 1997 年版。

跨文化空间里的男性气质互动

自觉、自剥落?"①所谓责善，就是要求彼此之间相互剖析、相互鼓励、改过从善。朋友正是责善的最主要承担者，具有无可取代的作用。明儒吕坤说："人生德业成就少朋友不得。君以法行，治我者也；父以恩行，不责善者也；兄弟怡怡，不欲以切偲伤爱；妇人主内事，不得相追随规过；子虽敢争，终有可避之嫌。至于对严师则矜持收敛而无过可见，在家庭则狎昵而正言不入。惟朋友者朝夕相与，既不若师之进见有时，情礼无嫌，又不若父子兄弟之言语有忌。一德亏，则友善之；一业废，也友善之。美则相与奖劝，非则相与匡救，日更月变，互感交摩，骎骎然不觉其有劳切难而入于君子之域矣。"②传统社会中，君臣有地位权力之别，夫妇有内外之分，兄弟强调融洽和顺，父子之间碍于礼法等都无法责善。与朋友关系相近的师生关系，也由于地位不平等和相处时间短，学生出于对老师的敬畏很难暴露自己的不足之处，因此所起到的责善作用也十分有限。而朋友则因为志同道合、平等相处的关系，可以直言不讳、彼此开导，有效承担起责善的道德责任，帮助彼此成就理想人格。

儒家社会中的男性友谊和君臣、父子关系一样，是男性社会责任中非常重要的一部分，也是彰显君子风范的重要手段。在中国文学中有丰富的对男性英雄之间"结拜兄弟"情谊的描绘，比如《三国演义》中，刘备、关羽和张飞三人之间的深厚男性友谊彰显了他们忠诚、信任、勇敢等一系列理想男性特质，刻画出三人的英雄形象。丰富的历史文献和文学资料对男性同性亲密关系的呈现让不少学者推断男性友谊中可能也包含性维度。③ 不过另外一些学者则认为男性友谊中并不涉及性行为。④但是无论男性友谊中是否涉及性维度，都表明中国前现代社会中男性亲密关系和"结拜兄弟"的情感在当时是被广泛接受的行为，不曾有西方

---

① 陆九渊：《北溪字义》，中华书局1983年版。
② 吕坤：《呻吟语》，中华书局2008年版。
③ Hinsch Bred, *Passions of the Cut Sleeve: The Male Homosexual Tradition in China*, Berkley: University of California Press, 1990, pp. 131–32.
④ McDermott Joseph, "Friendship and Its Friends in the Late Ming", *Family Process and Political Process in Modern Chinese History*, *Part I*, Taipei: Institute of Modern History, Academia Sinica, 1992, p. 70.

文化中恐同症的忧虑。可以看出，儒家思想正是通过一系列的道德规范对普通人（主要是男性）进行改造和教育，以期将他们塑造成理想人格——君子。因此，遵守人伦关系规范的儒家君子可以说是儒家社会理想的男性气质。它既是个体的称谓，也是儒家集体的形象，是一个能够"克己复礼"，引领人们步入理想社会的精神样板，反映了古代中国社会的男性气质理想。

"君子"——儒家社会的理想男性形象

儒家经典《论语》根据德性境界将人格划分为圣人、贤人、君子和小人四个不同层次。对于普罗大众而言，君子是可以通过自身的修炼达到的理想人格，因此也是孔子论述最多、最为关注的人格。君子一词在《论语》中共计出现 107 次，在每个篇章中都有涉及。《论语》中关于的君子的论述十分丰富，含义基本分为两种，即有德有位的君子、有德无位的君子，可以看出君子概念关注的是重点是"德"而不是"位"。[1]从《说文解字注》的解释上看，"君，尊也。此羊祥也，门闻也，户护也，发拔也之例。从尹口。尹，治也。口目发号。此依韵会。又补一口字。尹亦声"[2]。意思是"君子"是指拥有权力、治理国家的人，是拥有一定身份地位的人。但是在《论语》等儒家原典里，君子主要是指有德性的人。普通人（尤其是男性）是可以通过自身的努力与奋斗达到君子这一理想人格的。

孔子对君子的阐释从不同维度展开，除了强调君子在人伦关系中追求道德，内外兼修，通过内心修养和外在行为展现道德品质之外，孔子还通过强调君子和小人的不同，使君子这一理想形象更加具体。首先，不同于小人，君子具有宽广的胸怀和坦荡的人格。《论语·述而》曰："君子坦荡荡，小人长戚戚。"[3]君子内心纯洁，言行一致，不畏畏缩缩、蝇营狗苟，气质坚定、光明磊落。《论语正义》中注释："君子坦尔夷任，

---

[1] 郭凯：《〈论语〉中的君子人格与当代价值》，《理论探讨》2022 年第 3 期。
[2] ［汉］许慎撰，［清］段玉裁注：《说文解字注》，浙江古籍出版社 1998 年版。
[3] 杨伯峻译注：《论语译注》，中华书局 1980 年版。

荡然无私。小人驰竞于荣利，耿介于得失，故长为愁府也。"①君子胸怀宽广，心境敞亮，没有过多私欲，因此"有容乃大，无欲则刚"。而小人则常常为了一己私利斤斤计较，为了名利奔波忙碌，整日满面愁容。《论语·子路》中还提道："君子泰而不骄，小人骄而不泰。"君子内心坦荡，不忧不惧，遇事沉着冷静、游刃有余。而小人则相反，"矜己傲物，惟恐失尊"②。因此，君子与小人的精神境界有高低之分。《论语·宪问》中说："君子上达，小人下达。"指的是君子的精神归宿是修身、明礼、达仁，而小人关注的是基本生计，两者志趣不同。《论语·卫灵公》中提到"君子谋道不谋食""君子忧道不忧贫"，强调的也是君子在乎的是天下大道，而小人在乎的是个人生计。

君子和小人不同的精神境界决定了两者不同的气质。君子胸怀坦荡，气质上应该是"文质彬彬"。《论语·雍也》曰："质胜文则野，文胜质则史。文质彬彬，然后君子。"文饰与质朴相得益彰是君子应该具备的气质。据《说苑·修文》记载，子桑伯子不衣冠而处，即平时不在意自己的穿戴，但他是很质朴的人，办事很简洁、利落、高效，孔子觉得他也是很有优点的人，只是有些地方处理得不好，因为"其质美而无文，吾欲说而文之"③。可见，按照孔子的标准，子桑伯子"质美而无文"，无文则野，不能算是最理想的君子状态。

《论语》中论述了很多关于君子为人处世的原则，其中的核心便是从容中庸，即要求君子从容不迫，做事合乎道义。《论语·子路》中孔子提道："君子和而不同，小人同而不和。"意思是君子与他人相处的正确方式。孔子在《论语·颜渊》中说道："君子成人之美，不成人之恶。小人反之。"作为君子，不嫉妒，向别人学习，共同进步，这才是正确的为人处世之道。此外，君子的从容也体现在其义利观上。君子处变不惊、从容泰然，不会被利益得失牵动。《论语·里仁》说："君子喻于义，小人

---

① [清]刘宝楠撰：《论语正义》，中华书局1990年版。
② 程树德撰：《论语集释》，中华书局2013年版。
③ [汉]刘向撰，向宗鲁校证：《说苑校证》，中华书局1987年版。

喻于利"。但是，这种"先义后利"的思想并不是对利的全盘否定。《论语·里仁》也说："富与贵，是人之所欲也。不以得其道得之，不处也；贫与贱是人之所恶也，不以其道得之，不去也。"强调物质利益是每个人生活的基础，但是无论是财富的获得还是贫贱的消除，都不能违背道义。

君子之勇也在论语中多有强调。比如"勇而无礼则乱"（《论语·泰伯》）、"君子有勇而无义为乱，小人有勇而无义为盗""恶勇而无礼者"（《论语·阳货》）。但是很明显，孔子认为勇气必须有礼乐的约束和指引，否则很可能让人鲁莽。孔子在《论语·子罕》中说："知者不惑，仁者不忧，勇者不惧。"强调君子应该是仁智勇的结合。

儒家思想强调君子自觉自立，理想人格的实现依赖于自身的努力和修炼，君子遇事"反求诸己"。《论语·卫灵公》中说道："君子求诸己，小人求诸人"。这样的表述在论语中有许多，比如"不患莫己知，患不知人也""不患莫己知，求为可知也"等。表达君子应该注重个人的修养和自我反省。《论语·学而》中曾子提道："吾日三省吾身：为人谋而不忠乎？与朋友交而不信乎？传不习乎？"

君子和小人的成对出现，说明两者之间仅一步之遥，无论君子还是小人都离普通人不远，两者都是针对普通百姓而言。普通人可以通过自身修养成为君子，也可能自甘堕落成为小人。且君子作为男性气质理想，是靠道德感召和自我修养完成的，而不是统治者的法治高压。[①] 也就是说，在这个意义上，君子作为中国古代社会的男性气质理想，相较西方性别范式下的"霸权性男性气质"，对其他男性群体不存在明显的排斥和否定。君子具有榜样和表率作用，令普通人效仿。

儒家人伦关系中构建的男性气质和君子理想，可以有效帮助理解李安电影中的男性样貌书写。李安对中国文化的理解和想象主要建立在传统文化基础上，深受儒家思想的影响。李安的父母在1949年前后从大陆迁往台湾，李安于1954年在台湾出生，从小就被父亲寄予厚望。父亲李升是一个非常传统的儒家家长，为人严厉、沉默寡言、观念保守，十分

---

① 魏义霞：《君子与英雄——孔子与梁启超理想人格比较》，《江淮论坛》2020年第2期。

强调传统的儒家伦理秩序。父亲李升对李安的影响很大，儒家思想下的父子关系后来也成为李安电影反复探讨的主题。除了家庭之外，李安还有一个更大的"家"——台湾外省人社群。由于父亲调任台湾花莲师范任校长，李安举家迁往花莲，并在那里度过了他的童年。这一时期，李安生活在与台湾原住民社群几乎完全隔绝的外省社群中。李安说："在花莲的八年中，地方的纯朴，人情的温暖、诚挚，给我的童年留下了美好的回忆。"① 李安对中国文化的感情和花莲时期的美好童年记忆无疑是有关的。随后李安进入台湾地区的文化环境，迎来了人生中的"黑暗"时期。李安在回忆这段生活时候说："如今回顾小学岁月才发现，从小我就身处文化调适的夹缝中，在双方的拉扯下试图寻求平衡。"② 但是台湾文化和外省文化的冲突却不在李安的讨论之列，这也许是因为童年的记忆让他未曾形成对台湾的认同，与政治始终保持着相当的距离。成年之后李安移居美国，离散身份更加剧了他对中国文化传统的怀旧和眷恋，其电影中往往萦绕着挥之不去的中国文化和儒家家庭人伦关系情结。李安一方面探讨儒家人伦秩序给个人自由所带来的压抑，另一方面则反思秩序瓦解后的悲剧。世纪之交的李安电影更是集中反映了他对中西文化在全球化时代的碰撞和交流的思考，反思了儒家传统在个体男性身份构建中的多方面意义。

五 侠客：游走在儒家传统之外的英雄

尽管儒家思想是前现代中国社会的正统，直接决定了性别和男性气质内涵，但是依然有一些男性拒绝遵从儒家伦理建构理想男性身份。他们是一群游走在儒家伦理范围之外的"自由"灵魂，其英雄行为不仅受到普通人的仰慕和尊敬，同时也拓宽了我们对前现代中国男性气质的理解。其中最有代表性的就是"蒿莱名堂之间"的"侠客"。这是一群武功了得、体格强健的男性，他们游走在社会法律规范的边缘，行为往往

---

① 张靓蓓编著：《十年一觉电影梦：李安传》，人民文学出版社2007年版。
② 张靓蓓编著：《十年一觉电影梦：李安传》，人民文学出版社2007年版。

第一章　中美文化语境下的男性气质内涵和"跨不同"理论

并不符合儒家社会对理想男性的期待，但是他们"锄强扶弱"的英雄行为也赢得了人们的赞赏。他们往往对儒家思想所强调的"建功立业"不屑一顾，展现出更多类似于当今社会对自我和自由意志的追寻。也正是这个原因，在讨论前现代男性气概的研究中他们往往被忽略。在雷金庆提出的"文—武"性别范式中，也依然是在官方话语中以关羽为例探讨"武"的特质，而缺少对游走在儒家正统社会之外的"侠客"的分析。

武侠文化是肇始于华夏文明的古老的文化形态，负载着质朴的尚武传统，源于中华民族的种族根性，承载着许多人关于英雄快慰平生的希冀和梦想，是挖掘中国古代男性气质内涵不可或缺的资源，也是理解当今人们情感和身份构建的重要入口。侠客作为理想的男性形象，在以下几个方面和儒家文化下的君子有所不同。

第一，侠客追求自由。武侠文学和电影中的侠客，骨子里彰显的是狂放不羁、离经叛道、潇洒爱自由的天性，比如《笑傲江湖》中的令狐冲、《七侠五义》中的锦毛鼠白玉堂等。这种对自由的追求，"一是来自对庙堂朝廷昏聩陈腐、繁文缛节、扭捏作态的抵牾和嘲笑；二是对日出而作、日落而息的世俗生活感到厌倦和乏味；三是以灵魂和肉体的恣肆骄纵、豪放不羁，宣誓对既有规则的不屑和挑战"[①]。相较儒家文化下的理想男性君子需要遵循一系列道德规范，背负家庭和社会的责任，侠客是游离在统治阶层政治生活之外的群体，追求自由和逍遥不羁是侠客的精神底色，充满了游荡的诗意和自由的浪漫。

第二，侠客的核心精神是行侠仗义、锄强扶弱。"侠是自由兼爱的象征，并由这二者构成了侠义理想价值追求的两大支柱。"[②] 侠客以江湖规矩和人间道义重塑社会秩序，拯救弱势群体，他们"扶危救困、仗义疏财、抱打不平，并以诉诸武力为最直接的方式来解决违背正义和公理的

[①] 杨洪涛：《侠客的踪迹：论武侠电影的人物塑造》，《北京电影学院学报》2017年第5期。

[②] 韩云波：《中国侠文化：积淀与传承》，重庆出版社2005年版。

世间事"①。无论是《笑傲江湖》中的令狐冲，还是《七侠五义》中的白玉堂，他们都是武艺高超、身怀绝技的英雄人物，即使是为了素昧平生的普通人，也可以千里追凶、替天行道。侠客身上寄托的是中国古代老百姓对现世不满却又无力改变，渴望侠客出面拯救或者自身化为侠客"白刃除不义，黄金倾有无"②的情怀。更重要的是，侠客情怀体现的是中国人长久被封建礼教所禁锢和压抑的内心世界，因此可以成为对儒家传统的重要补充。

第三，侠客的概念里不存在性别差异和性别歧视。唐代以来，女侠客就成为女性英雄主义的代表。"她们或忠肝义胆，扶颠持危；或感恩图报，誓酬知己；或激于义愤，济人困厄；或忍辱负重，手刃仇家，其行为表现出'侠'之临难自奋，至死靡他的意志力和正义感。"③汉学家罗兰·阿尔滕堡（Roland Altenburger）追溯了女侠在中国不同历史阶段的发展史，强调中国英雄主义历史中的女侠传统。基于这种观察，他指出，与西方英雄主义女性的不在场不同，女性在中国剑侠文学中占据很重要的位置，象征着"女性的独立和权力"，以及"女性对低下的社会传统地位提出的挑战"④。在这个意义上，女侠也就挣脱了父权制社会对于女性的压制和局限，侠客精神反映的正是人们对于"自由灵魂和精神的追求"⑤，试图摆脱儒家正统对人的束缚。聂隐娘邂逅磨镜少年，偕夫行侠；红拂女遇见李靖，连夜投奔。这些女侠冲破了封建男权强加给女性的种种规范和约束，表现出"侠"奔放不羁的自由独立，突破了"男主外、女主内"的传统家庭模式，超越了男性文化传统对女性角色的认定，也使中国古代文学文化中的女性形象更加丰富。

---

① 杨洪涛：《侠客的踪迹：论武侠电影的人物塑造》，《北京电影学院学报》2017年第5期。

② 杜甫《遣怀》中的诗句。

③ 杨芬霞：《男权视阈下的女侠传奇》，《贵州社会科学》2006年第3期。

④ Altenburger Roland, *The Sword of the Needle: The Female Knight-errant (xia) in Traditional Chinese Narratives*, Bern: Peter Lang AG, 2009, p. 52.

⑤ Altenburger Roland, *The Sword of the Needle: The Female Knight-errant (xia) in Traditional Chinese Narratives*, Bern: Peter Lang AG, 2009, p. 47.

第一章　中美文化语境下的男性气质内涵和"跨不同"理论

笔者分别从同性社交和同性关系、"文—武"范式、"阴/阳"性别观、儒家人伦关系中理想男性气质的构建以及游走于儒家传统之外的侠客英雄主义几个方面，试图对中国传统文化中的男性气质进行简要梳理，为进一步理解李安电影中的性别内涵和男性气质提供中国传统文化的阐释视角和理论基础。李安的电影反映了他对跨文化空间里中美男性气质互动的思考，其电影作品中的男性人物形象尤其体现了他对中国前现代性别内涵和男性气质的反思。李安对于父子关系和父亲形象的刻画和重构反映出他对于中国文化传统的眷恋，对于儒家父亲形象的矛盾心理也贯穿他所有电影作品的父亲形象中。李安重构父亲形象，使之成为一个具有儒家理想男性气质的人，并融入他对文化冲突和身份政治的思考。如此，父子关系和父亲形象也成为一种隐喻。前者隐喻中美文化语境下男性气质的冲突，后者象征李安对中国传统文化的思索和构想。这也是李安对全球化时代下中美男性气质互动的一种回应。重新审视中国古代文化传统在解决当今世界男性气质危机和建立性别平等秩序方面存在的积极意义。

第三节　"跨不同"理论作为研究方法

对中国传统性别内涵和男性气质理想的过分强调很容易落入性别本质主义的泥潭。即使在中国古代，不同历史时期的社会政治背景下也是多种男性气质并存，并非同质的。此外，无论是儒家伦理关系中的理想男性气质建构，还是"文—武"理论范式，都可能在打破西方霸权性男性气质的同时产生新的霸权。本书采用中国古代男性气质理想和当代西方性别理论相结合的研究方法，通过对话性的解读最大限度地避免了这个问题。在中美两种男性气质理论的武装下，本书尝试跳出东西二元对立的模式，通过跨文化视角解读李安电影中的男性形象。在研究中涉及的"跨文化空间"有双重内涵：一方面它是指电影中具体的物理空间，

跨文化空间里的男性气质互动

比如城市空间、家庭空间等；另一方面它也是指抽象的电影空间，即李安电影中双重文化视角下的男性形象形塑和互动空间。本书借用德国学者所提出来的"跨不同"理论（transdifference）为多种男性气质的跨文化解读提供理论支持。

"跨不同"是两位德国学者在跨学科研究背景下于2002年提出的概念。[1] 它指的是"不同甚至对立的性质、立场或者语义要素和认识论意义建构等共存的现象"[2]。人们过去往往认为这些不同和对立十分尖锐，在认知和情感上是相互矛盾、充满紧张和无法调和的。无论是个体还是群体都可能在社会文化立场、性格特质等多方面遭遇跨不同现象，并在各自的符号秩序中产生互动交流。"跨不同"抓住这种共存现象进行描述，并分析这种超越了二元对立之后产生新意义的语境。"跨不同"和跨文化理论中的"杂糅"（hybridity）、"跨文化性"（transculturation）和"边界"（borderland）等概念有共通之处。但它的独特之处在于，既不指向克服不同之后的"融合"（blending and merging of properties），也不同于德里达（Derrida）提出的"解构"（deconstruction），而是强调顺时层面（synchronic level）上的共存以及历时层面（diachronic level）上的"眷写"（palimpsestic）产生新意义。在顺时层面上，"跨不同"关注的是意义生产中被二元对立所压制或者忽视的复杂性；在历时层面上，它则关注在"眷写"[3] 过程（a palimpsestic process）中所产生的新可能性和新意义。因此，"跨不同"并不排除二元对立所产生的不同，但对基于二元对立所建立的意义表示怀疑，试图通过悬置不同而探究意义的产生过程中被压制和忽略的复杂性。

"跨不同"作为一种认知视角和分析方法，为北美印第安人身份研究

---

[1] Breinig Helmbrecht and Klaus Lösch, "Transdifference", *Journal of the Study of British Cultures*, 2006, pp. 105-122.

[2] Breinig Helmbrecht and Klaus Lösch, "Transdifference", *Journal of the Study of British Cultures*, 2006, p. 108.

[3] 从历时角度看，意义系统可以被理解成不断"眷写"的过程：在二元对立中被排斥的"他者"永远无法消失，只能在书写中被"覆盖"（overwritten），所以这些被压制的痕迹会显现，而且可能产生新的意义建构。

第一章　中美文化语境下的男性气质内涵和"跨不同"理论

提供了启发，但是在非西方文化语境中尚未被研究者采用。本书认为"跨不同"概念对于探究跨文化空间里男性气质互动很有意义。李安电影中的男性人物在气质身份建构中都遭遇了"跨不同"现象，而且本书在中西男性气质理论视野下对李安电影男性人物的不同解读模拟了文化互动的"誊写"过程，因而会产生新的意义。本书尤其关注个体男性身份建构中不同甚至相互对立的男性特质在被悬置但又没有被完全打破时所揭示的复杂性，"跨不同"可以帮助理解男性身份构建时的"多重归属、冲突下的团结甚至矛盾性的认同"[1]。

"跨不同"理论主要从以下三方面启发本书对李安电影中个体男性气质身份的探讨。首先，"跨不同"概念认为并不存在"纯粹"（pure）的自我表征（self-representation），任何自我言说都自动存在反话语（counter discourse），因为所有的自我身份叙事都在某种程度上和他者叙事——也就是反话语（常常也是霸权话语）缠绕在一起。李安电影中对男性和男性气质的描绘包含了两种文化语境下的男性气质内涵，无论是对中国男性还是对美国男性人物的书写都包含着另一方的声音。其次，自我和他者、异性恋和同性恋、男性和女性等二元对立在李安电影的男性个体身份建构中均被悬置但是并未被完全解构。"跨不同"理论启发笔者去探究二元对立悬置中个体男性气质身份的建构，揭示文化和性别身份清晰归属时所压制和忽略的复杂性。最后，"跨不同"有利于分析超过个体控制之外的男性身份建构以及复杂的权力关系。"个体所在的具体社会权力关系会很大程度上决定他/她占据的位置"[2]，在各种权力博弈而个体自由意志受限的跨文化空间，"跨不同"提供了一个考察个体男性身份位置的视角。

最重要的是，用中西男性气质理论解读李安电影中男性人物的书写

---

[1] Hein Christina Judith, *Whiteness, the Gaze, and Transdifference in Contemporary Native American Fiction* Heidelberg: Winter, 2012.

[2] 在构建个体身份时，跨不同现象既可能"阻止个体建立一个统一的、一致的和相对稳定的个人身份"，也可能"呼唤个体建立超越二元对立之外的'中间身份'"。但是这个身份位置是在复杂权力关系下决定的，往往超出了个体自由的控制。

样貌，可以在双重认识下产生不同甚至对立的结论，从而在文化互动的"眷写"过程中产生新的意义。"跨不同"理论强调，从族群内部看某一个特定社会的符号秩序可能是自然的、一致的、具有历史延续性的；但是从另外一个视角看，这种具有历史一致性的建构往往是建立在对其他可能性/他者持续不断的压制之上的。被压制的他者不能被完全去除，只能被部分覆盖，会在"眷写"过程中不断显现出来并形成新的建构可能性。本书不仅对电影人物在两种话语体系下展开双重解读，而且深入探究双重解读在互动中所产生的复杂性和新意义，从而更好地思考跨文化空间里的男性气质互动。因此，"跨不同"可以作为抵制西方霸权男性气质规范的有效工具，并为新的性别和男性气质话语发声。

第二章　建构与冲突：《推手》中的男性气质解读

《推手》是李安的第一部电影，于 1992 年在中国台湾发行，之后随着电影《喜宴》的成功在美国发行。影片讲述是一位退休的太极拳大师"老朱"为了照顾孙子，从北京来到美国纽约和儿子朱晓生（Alex）、白人儿媳玛莎（Martha）以及孙子吉米（Jeremy）住在一起之后发生的故事。文化和代际冲突带来的沟通不畅和情感龃龉让一家人之间关系分外紧张。儿子 Alex 为了将老父亲"请出"自己的家，安排了一场"老朱"和朋友母亲常太太的相亲，"老朱"得知实情之后觉得脸面无光，失望地离家出走，在一家中餐馆找了一个洗盘子的工作。由于见利忘义的餐厅老板刻意刁难，两人发生了激烈的冲突。"老朱"忍无可忍之下使出了自己作为太极拳大师的看家本领，将一众前来教训他的小混混打翻在地。骚乱后，当地警方带走了当事人"老朱"。晓生从电视新闻中得知了父亲的消息，来到拘留所将其接回家，但"老朱"最后还是执意搬出儿子的家，一个人住进了老年公寓。不过，"老朱"的"盖世功夫"却在新闻报道中得以传播，因此声名大噪。成名之后的"老朱"在中国城找到了一份教职，专门教授老外和中国人打太极拳。影片最后在"老朱"与常太太在中国城的邂逅对话中结束。

电影长达八分钟的开头没有任何对话和声音，颇具象征意味。摄影机用近镜头追踪太极舞动的双手，之后缓慢移动到脸部，然后拉远展现"老朱"在客厅打太极的全景。缓慢流动的镜头全方位展示了太极拳的动作，体现出一种自由和悠闲。之后画面转到一台计算机屏幕，特写一双敲击键盘的手，随后观众看到一位年轻的金发女郎玛莎的脸。全景镜头展示了两个人所占据的空间：镜头前部分是"老朱"在客厅打太极拳，后半部分是媳妇玛莎在餐厅敲击电脑键盘。在同一个镜头下，两人被门廊分开。镜头流转到客厅墙壁上挂的中国书法、电冰箱里的草莓奶油蛋糕、中国酱油瓶和美式牛奶。形成鲜明对比的还有贯穿影片的太极、不时飘出的京剧唱腔、中国菜和慢跑、卡通动画片、沙拉。这样的开头无疑直接将观众带入视觉化的中美文化冲突之中。后殖民主义批评家萨义德认为东西方的关系是一种建立在政治、文化甚至宗教基础上的本质主义（essentialist）的关系，东方是作为强大的西方的"他者"而存在的。[1]这种东西方的关系充满了"权力、支配和不同程度的复杂霸权关系"[2]。然而影片一开始便用镜头语言颠覆了这种后殖民语境下的支配和被支配的不平等权力关系。电影镜头对"老朱"和玛莎在不同的空间从事不同的活动进行了"公平"的展示和对比，镜头数量并无偏废，没有刻意的"自我东方化"（self-orientalism）。最重要的是，后殖民语境中西方/男性和东方/女性之间二元对立的关系被否定了。在东西方的关系中，西方男性往往是具有阳刚之气的，而东方男性，尤其是中国男性则被策略性地作为西方男性的"他者"进行建构，用以投射西方男性对于女性和同性恋的排斥。这种权力关系的性别隐喻在电影开头就被颠覆了，给观众提供了一种可以挑战西方性别话语霸权的观影视角。

中国男性在美国主流文化语境中一直被认为是"卑鄙的""女人气的""懦弱的"和"狡猾"的，他们是美国历史上的"黄祸"（yellow peril）和"单身汉社会"（bachelor society）。缺乏阳刚之气的男性这一刻板印象其实是东方主义（Orientalism）关于中国的知识生产的一部分，为其背后的意识形态服务，是西方中心主义的书写方式。在分析李安电影的评论中，有研究者指出，与马可·波罗（Marco Polo）在观察中国时

---

[1] Said. W. Edward, *Orientalism*, New York: Vintage Books, 1978, p. 40.
[2] Said. W. Edward, *Orientalism*, New York: Vintage Books, 1978, p. 5.

采取的帝国主义和殖民主义视角不同，李安是从"本土"（native）视角看待东方的。① 沿着这个逻辑，笔者认为李安对中国男性和男性气质的书写是具有特定文化语境的，因此为观众提供了一种在中国传统文化语境下解读男性气质的可能性。李安在中国传统文化语境下对"老朱"男性气质的书写，是对中国性别语篇本土知识和资源的再发现的过程，挑战了后殖民语境下的西方男性气质霸权。尤其重要的是，影片进一步体现了中国本土语境下的男性气质观念和西方男性气质之间在跨文化空间里产生的冲突和交流。本章通过电影文本细读和镜头语言试图探讨"老朱"是如何在中国传统文化下构建其男性气质，以及他的个体男性气质身份在美国社会，尤其是家庭关系中受到了怎样的冲击，最后是否实现了男性气质的重构。笔者认为，导演李安采取本土化的视角将"老朱"的个体男性气质和父亲形象紧密结合，体现了非西方语境下男性气质建构的新范式，因此打破了主流文化对中国男性的刻板印象，挑战了西方在性别秩序中的霸权主义。此外，影片将中美文化冲突具体化为"老朱"与儿媳、儿子的冲突，既探讨了华人男性的生存经验和身份认同，也通过传统文化和传统男性身份的失落讨论了全球化时代华人男性身份的焦虑。可以说，对于中国文化传统下男性气质的深刻理解是这部电影的重要特点。

第一节　中国传统文化语境下的男性气质建构

在《美国男性气质文化史》（*Manhood in America: A Cultural History*）一书中，基梅尔（Kimmel）这样定义美国的男性气质：

> 男性气质并不是静止不动或者永恒的，它是历史的。男性气质不是内在特质的显现，它是社会建构的。男性气质并不是由生理特

---

① Dariotis, Wei Ming, and Eilleen Fung, "Breaking the Soy Sauce Jar: Diapora and Displacement in the Films of Ang Lee", Sheldon Hsiao-peng Lu ed., *Transnational Chinese Cinemas: Identity, Nationhood, Gender*, Honolulu: University of Hawaii Press, 1997, p. 192.

性上升到意识层面的,而是在文化中产生的。男性气质对于不同的人在不同的时代意味着不同的东西。我们文化中对男性气质的定义体现为对"他者"的否定——少数族裔、少数性别以及最重要的,对女性的否定。①

基梅尔清晰地指出,男性气质是一种社会和历史构建,因此不同文化中存在不同的男性气质。在他看来,美国男性气质是建立在对"他者"否定的基础上的,在这个意义上,美国男性气质是由"不是什么决定的,而无法确定究竟是什么"②。与美国男性气质构建在男女二元对立基础上不同,中国古代由于女性在象征系统的彻底消失,男性气质在中国本土文化中的建构有着与"现代"(主要受到西方影响)完全不同的话语体系,并不存在男/女、男性气质/女性气质、异性恋/同性恋的二分法。③ 学者大卫·霍尔(David L. Hall)和罗杰·艾姆斯(Roger T. Ames)解释说:

> 在中国,完整意义的人被从广义上定义为人的各种特质和性格的和谐统一。男性的统治地位是性别自然分化成男人和女人的结果,这种分化往往将女性排除在外,使她们无法有机会成为完整意义的人。因此,男性可以通过创造一个雌雄同体的人格(androgynous personality)自由地追求自我实现。④

因此,对中国传统社会男性气质的考察需要跳脱西方性别范式,重新发掘这一体系的特点,从而帮助我们从本土化的视角和真正全球化的

---

① Kimmel Michael S., *Manhood in America: A Cultural History*, New York: The Free Press, A Division of Simon& Schuster Inc., 1997, p.134.

② Song Geng, *The Fragile Scholar: Power and Masculinity in Chinese Culture*, Hong Kong: Hong Kong University Press, 2004, p.4.

③ Song Geng, *The Fragile Scholar: Power and Masculinity in Chinese Culture*. Hong Kong: Hong Kong University Press, 2004, p.11.

④ Hall David L. and Roger T. Ames, *Thinking from the Han: Self, Truth, Transcendence in Chinese and Western Culture*, Albany: State University of New York Press, 1998, p.81.

第二章 建构与冲突:《推手》中的男性气质解读

高度来认识男性气质建构的问题。鉴于本书前面部分已经对中国传统男性气质进行了理论梳理和总结,这里不多做重复。笔者将用澳大利亚华裔学者雷金庆(Kam Louie)提出的"文—武"范式作为理解中国文化中男性建构的理论范式,以及儒家伦理下的父子关系来解析影片《推手》中"老朱"的个体男性气质建构实践。

一 "文—武"范式中的理想男性气质彰显

雷金庆在著作中提出"文—武"作为理解中国文化中男性气质建构的理论范式。他认为在中国古代,尤其是儒家文化中,"文"和"武"都是衡量男性男子气概的标准。最理想的状态是文武双全。他认为西方的男性气质的衡量标准对于理解中国文化下的男性气概会产生误导,得出中国男性不具有男性气概或者是"娘娘腔"的结论。[1] 我们应该在中国文化语境下总结出中国男性气质建构的理论范式对中国男性气质进行再审视。雷金庆认为,"文"指的是与古典学者有关的文学和文化造诣,而"武"指的是体力和军事力量。"文—武"男性气质理想是所有社会阶层的男性希望达到的高度,与权力关系密切相关。那些文武兼备的人最后往往会成为大人物,只具备其中之一的男性也可以借此获得一定的统治权。[2] 在中国历史上一直存在文试—文官和武试—武官的官衔和官位。然而,由于儒家对武力的轻蔑,使中国历史上大部分时期都存在重"文"轻"武"的现象。在《论语》中,孔子也明确表达了这种倾向:子谓《韶》,"尽美矣,又尽善也";谓《武》,"尽美矣,未尽善也"。孔子认为武王靠武力称王不如舜靠仁义来的让人信服,由此可见文武之差背后有持续千年的历史。从隋朝到晚清,科举制度是中国男性实现政治抱负、获得社会地位的最有效渠道,正所谓"万般皆下品,唯有读书高"。这就进一步形成了中国文化历来重文轻武的传统,形成了"东亚儒

---

[1] Louie Kam, *Theorising Chinese Masculinity: Society and gender in China*, Cambridge: Cambridge University Press, 2002, p. 9.

[2] Louie Kam, *Theorising Chinese Masculinity: Society and gender in China*, Cambridge: Cambridge University Press, 2002, p. 17.

家文化圈中特有的文弱型的理想男性想象"①。

"文"与"武"的分野一直延续到今天。中国人对"温柔敦厚"的知识分子式的男性气质依然更加青睐。雷金庆指出"文"的男性特质自20世纪80年代以来，在西方社会的影响下内涵逐渐发生变化，更加强调商业智慧和经济上的成功。此外，他还强调"文—武"作为中国男性气质的理想范式，女性和非汉族男性都是被排除在外的。尽管女性被排除出去，我们仍然也应该看到阶级在其中所起的作用。下层贫民男性自然比中上层阶级的女性所拥有的权力少很多。由此我们发现，"文—武"性别范式不仅是分析中国男性气质的理论工具，而且是在更广阔的社会权力语境下对中国男性气质的再审视。

影片中的"老朱"是"文—武"理想男性气质的化身。电影一开始就通过"老朱"在客厅打太极的系列镜头说明了他的身份其实是一位太极拳大师。"老朱"真正展露"武功"是在中餐馆和混混打斗时。自尊心受到打击的"老朱"在离开儿子的别墅之后，人生地不熟的他只能来到中国城租住了一间小小的公寓，靠在中餐厅打黑工维持生计。不想见利忘义的老板见"老朱"行动缓慢耽误自己的生意非常不满，他当场解雇"老朱"，让他走人。"老朱"苦苦哀求，希望老板可以网开一面。但是老板十分不耐烦地让他赶紧离开厨房。受此侮辱，"老朱"拒绝离开。他牢牢站在地上，借力打力使试图让他移动的厨房帮工一个个自己翻倒在地。最后老板叫来了一群街头混混，上前挑衅的他们却被"老朱"统统打翻在地。这一场景令西方观众十分不解，他们很困惑为何"老朱"拒绝离开厨房，更难理解"老朱"在这幕戏中的"英雄气概。"② 但是如果采取中国传统文化视角，便很容易理解这场戏是对"老朱"男性气概的展示。"老朱"不光有"武功"还有"武德"。在中国传统文化里，"武"包括武功力量，但却不局限于力量。"武"还包含锄强扶弱、保家

---

① 宋耕:《男性研究的历史维度与现实意义》,《东吴学术》2018年第5期。
② Dilley Whitney Crothers, *The Cinema of Ang Lee: The Other Side of the Screen*, London: Wallflowers Press, 2007, p. 56.

第二章 建构与冲突:《推手》中的男性气质解读

卫国、劫富济贫等道德品质,拥有武功并不是最终目的,自我克制不滥用才是武功的最高境界。① 在这个意义上,"武"的男性气概实际上也包含了儒家伦理讲求的"仁"和"忍"等道德因素。"老朱"在和餐厅老板的对话中一直采取的是忍让态度,直到老板变本加厉骂他是"废物点心"才彻底伤害了"老朱"的男性自尊,激怒了他。布雷特·欣施(Bred Hinsch)在分析中国传统男性气质时指出,对尊严和荣誉的强烈敏感贯穿中国男性气质发展的历史,为了尊严和荣誉而战的男性,即使是使用武力,也能获得人们的尊敬。② "老朱"正是通过展现他傲人的太极功夫,将侮辱他的餐厅老板打败而重获尊严。而且不易察觉的是,"老朱"在对付为了生计不得已听命于老板的帮厨和嚣张跋扈的街头混混的态度是不同的。对于前者,他尽量宽厚,只是发功让他们无法移动自己;对于后者,他才使用功夫将他们一个个打翻在地。整个打斗场面简单而克制,镜头特写更多展示的是"老朱"缓慢有力的双手,强调身为太极拳大师的他德行高尚、点到即止,是一位真正的武功大师。

除了"武"之外,"老朱"还兼具"文"的才情。他练习书法、吟诵诗歌、表演京剧。即使是在和儿子朱晓生讨论中美教育方式时,两个人也是一边下围棋一边说话。这些颇具文化底蕴的活动自宋朝以来就成为"文"的男性气质的体现。③ 此外,影片中有不少镜头刻意强调挂在墙上的书法作品,还有一段镜头特写"老朱"一边吟诵一边写下王维的《酬张少府》。熟知中国文化的观众知道这首诗抒发的是诗人伟大抱负不能实现之后的矛盾苦闷,到了晚年只好"唯好静",享受隐逸生活的乐趣。"老朱"正是借着王维的这首诗歌表达自己困于陌生文化中的憋闷和失意,体现了他深厚的古典文化修养。更为重要的是,"老朱"懂得通过彰显自己的文武全才,向常太太表达好感。在中国城的太极拳课堂上,

---

① Louie Kam and Louise Edwards, *Chinese Masculinity: Theorising Wen and Wu*, *East Asian History*, 1994, p. 142.

② Hinsch Bred, *Masculinities in Chinese History*, Lanham, Maryland: Rowman & Littlefield publishers, Inc., 2013, p. 32.

③ Hinsch Bred, *Masculinities in Chinese History*, Lanham, Maryland: Rowman & Littlefield publishers, Inc., 2013, p. 94.

跨文化空间里的男性气质互动

"老朱"故意接受一位胖子的挑战，用太极拳将其推远打翻了常太太放满饺子的桌子，成功吸引了常太太的注意，也展示了他精湛的太极拳功夫。之后，"老朱"特意写下《酬张少府》的书法作品，并交代儿子晓生拿去装裱作为礼物送给常太太以展示自己的文化底蕴。不仅如此，影片一再强调"老朱"不断精进自己的文武造诣，上了年纪的"老朱"无论在武功还是文化修养上都远高于儿子朱晓生。电影中有几个镜头展示"老朱"对太极武功的修持。在中餐馆洗了一天盘子的"老朱"回到狭窄幽暗的出租屋后，并没有躺下休息，而是盘腿修炼武功。俯视镜头下苍老的"老朱"神情肃穆，让人同情却也油然而生一股敬佩。类似的镜头还有"老朱"因为在中餐厅"闹事"被美国警察扣押，身在监狱的他也依然坚持打坐修炼功夫。由此可见，"老朱"坚持在各种境遇下提升自己的文武修养，是中国本土语境下"文—武"理想男性气质的代表。

二 儒家伦理中的父亲形象建构

雷金庆的"文—武"理论范式跳出了西式男性气质建构范式，对中国本土语境下的男性气质建构进行了总结。但是，这一理论范式并不能完全涵盖中国男性气质建构的所有内容，因为它忽视了中国男性气质在人伦关系中的构建。布雷特·欣施（Bred Hinsch）在梳理中国男性气质历史时指出"将孝顺上升为卓越的男性气质理想，是中西方男性气质的显著不同"[1]。正是因为他看到了中国文化语境下的男性气质与儒家伦理的密切关系。在中国文化里，男性气概和父权孝道是紧密结合、无法分割的。

在儒家思想中，父亲在家庭伦理关系中处于至高无上的地位。荀子把父权和君权同论，认为二者都是至高无上的："君者，国之隆也；父者，家之隆也。隆一而治，二而乱。自古及今，未有二隆争重而能长久

---

[1] Hinsch Bred, *Masculinities in Chinese History*, Lanham, Maryland: Rowman & Littlefield Publishers, Inc., 2013, p. 7.

第二章 建构与冲突：《推手》中的男性气质解读

者。"①在父权至上的家庭中，父亲是家庭的代表，是家庭内部伦理道德的源头，所以孝德成为万善之首。在儒家经典中，对孝顺的强调比比皆是。曾子曰："甚哉，孝之大也。"孔子曰："夫孝，天之经也，地之义也，民之行也。"在儒家伦理中，成为孝子是成为男性的前提，所谓孝顺，最重要的就是要结婚生子，延续家族血脉。"不孝有三，无后为大。舜不告娶，为无后也，君子以为犹告也。"男性身份的确立甚至存在的意义直到他拥有了后代才算完整。

在儒家伦理下，"父为子纲"是"自然法则"，父亲是一家之主。不过尽管如此，父亲和儿子都需要践行孝道。儿子对父亲应该顺从尊重，老有所养。父亲对儿子也有教养他们成为孝子的义务，否则就是辱没祖先。在这样的父子关系下，个人的自主性自然非常有限。正如布雷特·欣施所说，在许多文化下，男性是以告别少年、强势宣告自己对父母的独立而进入成人阶段的，但是中国男性却会终身保持在父母面前的孩子姿态，他是通过抑制自主的欲望体现男性的坚强意志的。② 一言以蔽之，孝顺将两者紧密联系起来，在男性气概和父权界定中都占据极其重要的位置。

影片中"老朱"的男性气概正是通过儒家父亲形象进一步确立的。首先，"老朱"完成了儒家伦理下父亲的职责，不仅将儿子朱晓生抚养长大，而且事业成功家庭幸福的朱晓生给朱家祖宗带来了荣耀。

电影中提到"老朱"为了保护儿子无法及时救援妻子，以致自己的妻子不幸遇难。这段情节设置体现了儒家伦理下的父权关系。"老朱"保护儿子时候的不假思索可能来源于他自小受到的教育，他需要完成家族使命保护儿子以延续朱家血脉，否则就是愧对列祖列宗。正是如此，他才对妻子的早逝内疚痛苦、耿耿于怀。他没有再婚，而是独自一人将儿子养大成才。影片通过父亲这段充满感情的回忆将一个意志坚强、任劳

---

① [战国] 荀况著. 蒋南华、罗书勤、杨寒清注释：《荀子全译》，贵州人民出版社 1995 年版。

② Hinsch, Bred, *Masculinities in Chinese History*, Lanham, Maryland: Rowman & Littlefield Publishers, Inc., 2013, p. 8.

任怨的老父亲形象展现在观众面前。父亲是人生价值的源头，也是生命的源头，"老朱"作为朱家子嗣，其人生最重要的任务是延续血脉，教养子女。儿子朱晓生能够在纽约立足，成为优秀的计算机工程师，这也是"老朱"身为父亲的成就和骄傲。重要的是，孙子吉米更是朱家香火的传递。在影片中有这样一幕：吉米在洗完澡后裹着浴巾从浴室跑出来，"老朱"抓住了小家伙逗趣，高兴地查看吉米的生殖器说："我们朱家的未来就在你这个小东西身上了。"这一行为惹怒了注重保护隐私的儿媳玛莎，但是从儒家伦理视角来看却是"老朱"对朱家后继有人的满足和骄傲。

在和儿子朱晓生的关系中，尽管"老朱"并不完全符合儒家伦理下的"严父"形象，但他也偶尔展露家长权威，以期获得儿子的尊重和顺从。此外，在教育子女问题上，"老朱"强调守规矩。

（饭桌上，吉米不吃饭看动画片）

"老朱"：美国教小孩，好像做买卖，什么都谈条件。这小孩吃饭都不专心，还有什么值得专心的呢？

朱晓生：是呀，爸。

"老朱"明显不同意朱晓生对孙子吉米的娇惯，他温和但又不失严肃地提出了自己的意见。尽管朱晓生在实际行动上并没有阻止吉米看电视，但是他依然在口头上对"老朱"表示顺从，并没有直接挑战"老朱"作为父亲的权威。在另外一幕中，朱晓生和"老朱"一边下棋一边谈及中美教育的不同，"老朱"不满意地直接打断了朱晓生的话。

"老朱"：你们在美国，对孩子挺客气的。

朱晓生：是吗？

"老朱"：不把孩子当孩子，有学问。

朱晓生：这里面学问大得很，这就叫民主。民主嘛，就是没大没小。

"老朱"：得，美国你比我懂。

当谈到中美教育的不同，儿子朱晓生没有完全顺从父亲"老朱"，而是肯定了美国教育的"民主"，这是对儒家"长幼有序"家庭秩序的破坏，显然让"老朱"很不高兴，他不满意地打断了儿子。这样的打断一方面暗示了"老朱"儒家家长式的权威在美国社会的父子关系中受到了挑战；另一方面也是回避矛盾维护自身权威的有效策略。

导演李安将"老朱"塑造成兼具"文—武"特质的理想男性和严慈相济的儒家父亲形象，确立了其在中国传统文化语境下的男性气质，为西方观众理解中国男性气概提供了一种本土化的视角。这不仅打破了美国社会对中国男性以及华裔的刻板印象，更说明西方文化下的男性气质并不具有文化普遍性，不应该成为普适性的标准。不仅如此，李安也并没有将"老朱"所代表中国传统文化中的男性气质作为另外一种性别范式，将其视为跨越历史的存在，而是在影片中进一步探讨了"老朱"的男性气质身份在美国社会所遭遇的冲突和发生的变化，让我们得以在跨文化语境下对中国传统男性气质重新加以思考和审视。

第二节 跨文化空间里的男性气质冲突和身份重构

男性气质既不具有文化普遍性，也不是跨越历史的存在。康奈尔指出"男性气质在一个人的生活中不是一成不变的，而是随着他的成长和成熟而变化的。"男性为了保护自己，使自己感到成功，会在整个生命过程中尝试调整男性气质的定义。[①] 传统的"文—武"男性气质理想、儒家文化下孝顺以及父亲形象确立了"老朱"的男性气质身份，然而这种本土语境下的理想男性气质很快在跨文化空间遭遇了尴尬和冲突。"老朱"的男性气质会在跨文化空间受到哪些冲突和挑战？他会如何调整重构自身的男性气质？深受儒家文化熏陶的李安十分擅长通过家庭伦理关

---

① 参见 Kimmel Michael S. and Messner Michael A. eds, *Men's lives*, 英文影印版第 6 版, 北京大学出版社 2005 年版, 第 15—16 页。

系探讨问题。电影通过"老朱"与儿子朱晓生、儿媳玛莎以及常太太三人之间的冲突细致描绘了以"文—武"为代表的中国传统男性气质在跨文化空间与美国文化的碰撞与交流。

一 父子关系

父亲李升对李安的影响很大,父子关系、父亲形象、父权文化一直是李安电影反复探讨的主题。"老朱"的"文—武"传统男性特质在与儿子朱晓生的关系中受到了挑战。首先,传统"文—武"观,尤其"文"的内涵受到西方影响而发生了改变。"文—武"男性气质理想在20世纪晚期随着中国的现代化进程逐渐发生了变化。在20世纪八九十年代,"文"的内涵发生了根本性的转变,主要指经济实力。① 成功的"文"男性气质现在主要表现为消费主义时代对商品的占有和炫耀,比如最新款的手机和笔记本电脑。机上杂志封面年轻的商业新贵逐渐成为这个时代理想男性气质的代表。雷金庆认为这种转变主要来源于西方资本主义和消费主义的影响,传统男性气质对文化品位的强调变得不再重要,转而强调物质上的成功,并成为衡量男性气质最重要的标准。②

儿子朱晓生彰显了蜕变之后的"文"的理想特质。布雷特·欣施分析了资本主义对于中国男性气质的形塑,他指出,要在新的资本主义经济中获得尊重,男性首先必须有一份稳定的工作,不错的收入让男性能够实现高度的自由。如果可能的话,男性还应该避开低级卑微的劳动,获得现代的教育,并具有新的社会中产阶级的文化资本。③ 影片中的儿子朱晓生正是这种男性身份的代表:他在美国的大学获得博士学位,有一份薪水不错的稳定工作,娶了美国白人女子为妻并有一子,住着别墅开着豪车,按照美国中产阶级的生活方式生活。因此,虽然晓生对于父亲

---

① Louie Kam, *Theorising Chinese Masculinity: Society and Gender in China*, Cambridge: Cambridge University Press, 2002, p.43.

② Louie Kam, *Theorising Chinese Masculinity: Society and Gender in China*, Cambridge: Cambridge University Press, 2002, p.43.

③ Hinsch Bred, *Masculinities in Chinese History*, Lanham, Maryland: Rowman & Littlefield Publishers, Inc., 2013, p.94.

第二章　建构与冲突:《推手》中的男性气质解读

"老朱"所精通的书法、诗歌和京剧唱腔一窍不通,但是他在"老朱"眼中却远比自己成功有为。影片中有一段"老朱"和常太太的对话直接表明了"老朱"在儿子面前的"底气不足"。他告诉常太太朱家从祖父开始都是清朝的文人,而父亲这一辈是建国的有功之臣,儿子朱晓生是美国的计算机博士。只有自己是最没有用,只能打打太极,却无力改变命运和环境。这说明在"老朱"看来,不仅"武"的价值远低于"文",而且以文化品位为标志的"文"远远逊色于社会地位和经济上的成功。在儒家传统文化语境下,追名逐利的商人是一度被看不起的,但是很明显此时已经发生了转变。"文"作为理想男性气质内涵的转变是在中国现代化的过程中逐步改变的,这种对商业成功尤其是金钱的重视在20世纪90年代达到了顶峰。① 人们崇拜有钱人,经济成功变成衡量"文"的男性气质理想最重要的标志。"老朱"对自己的评价正体现了这种转变,也预示着父子关系中父亲权威的动摇。

通过"文"的内涵变化,李安展示了中国传统男性气质在"现代性"的追求过程中受到西方文化影响所发生的巨大变化。但是对于这种变化,李安采取的是审慎的态度,并在影片中通过中餐厅老板的男性形象说明了这点。如果说朱晓生彰显的是本土文化和外来文化碰撞和协商之下呈现出来的新"文"男性气质理想,反映的是时代变迁中男性气质的演变,那么与之产生强烈对比的中餐厅老板便象征着资本主义社会里被物质贪婪和自私吞噬、丧失了尊严的华人男性形象。

(在厨房,餐厅老板解雇"老朱")
老板:十块钱,你爱拿就拿,不拿拉倒。
"老朱":老板,干嘛老跟我这老头过不去?要洗快就洗快嘛。
老板:洗快还得洗干净啊,别啰唆了,时间就是金钱,这句话你听说过没有?大陆出来的,大概没有听说过……几十年来,就养

---

① Louie Kam, *Theorising Chinese Masculinity: Society and Gender in China*, Cambridge: Cambridge University Press, 2002, p.76.

跨文化空间里的男性气质互动

出你们这些懒鬼，废物点心。

"老朱"：你说谁是废物点心？

老板：怎么样？不服气是不是？有种你回祖国，去吃老米饭呀，没人拦着你。告诉你，这是美国。

这段两人之间的争执突出刻画了中餐厅老板自私冷漠、唯利是图的形象。中餐厅老板用金钱衡量一切，认为人是赚钱的工具，因此他称年老体弱无法创造经济价值的"老朱"是"废物点心"，对他态度恶劣。影片中暗示了餐厅老板其实同样来自中国大陆，他所售卖的也正是中国食物，但是他却对中国文化嗤之以鼻，以居高临下的傲慢态度多次对着"老朱"大喊"这里是美国"。餐厅老板的言行看似是对美国社会新环境的融入，但他对过去和传统的排斥却暴露了其身份建构的焦虑和不稳定。[①] 通过对餐厅华人老板的描绘，导演李安反思了资本主义可能带来的负面影响，因此也对完全丢掉中国传统、过分强调经济能力的男性气质标准表示了深刻怀疑。不仅如此，李安还将这一思考转变成电影中颇具内涵的一幕。"老朱"和餐厅老板的打戏正是两种男性气质的对抗。一边是白发苍苍看似孱弱的"老朱"，他依靠毕生所练就的武功，在逼仄的环境里屹立不倒，没有人能移动他半步；另一边是趾高气扬气势汹汹的餐厅老板，即使叫来一帮黑势力打手也无法撼动"老朱"，最终只能给自己带来不体面甚至羞辱。"老朱"的太极拳法甚至让整个城市的美国警方震惊，他也因此通过电视播报成了名人。如果"老朱"象征的是中国传统男性气质在跨文化空间里的执着和尊严，那么餐厅老板对中国传统的抛弃以及对美国文化的盲目追捧则让他丢掉了男性的自尊。

尽管李安在影片中通过"老朱"的男性形象表达了中国文化传统，尤其是对传统男性气质的同情和眷恋。但是，"老朱"的儒家父亲权威依然在和儿子朱晓生的关系中被无可挽回地削弱了。父子两次在客厅面对

[①] Dariotis, Wei Ming, and Eilleen Fung, "Breaking the Soy Sauce Jar: Diaspora and Displacement in the Films of Ang Lee", Sheldon Hsiao-peng Lu ed. , *Transnational Chinese Cinemas: Identity, Nationhood, Gender*, Honolulu: University of Hawaii Press, 1997, p. 196.

面下棋的场景暗示了儿子的强势和父权的松动乃至消失。对弈体现的是平等规则下的竞争，双方的身份地位让位于规则制度，彼此之间是平等的竞争关系。"老朱"的言语中透露着不满和不服输，朱晓生的话语间也流露出对父亲的挑战甚至不屑，语言行为的取向和对弈的规则表现出父子之间的权力关系逐步转向平等。影片中朱晓生为了摆脱父亲"老朱"，为他安排了一场和常太太的相亲，这个安排让中国儒家伦理下对孝德的推崇与美国文化里对个人自由主义的追寻产生了一次正面交锋。儒家伦理讲求孝道，并将孝顺作为理想男性气质的绝对标准。"老朱"遵循儒家伦理尽到了父亲的职责，那么儿子也应该赡养年岁已大的父亲"老朱"，维护其在家庭中的权威身份。然而，受到美国文化浸润的儿子朱晓生显然更加重视对个人自由的追求。在面对频发的翁媳冲突以及一次家庭矛盾的大爆发之后，朱晓生接受了妻子玛莎的建议，想办法将老父亲"逐出家门"。朱晓生的选择与"老朱"在危难中舍妻救子的选择形成了鲜明对比。这不仅是对儒家伦理下男性气质规范的舍弃，而且是对父亲"老朱"男性气质的巨大打击。对于"老朱"而言，儿子的"不孝"不仅挫伤了他身为父亲的尊严和权威，而且让自己脸上无光、愧对祖先。因此"老朱"才在失望和挫败中默默离开了儿子的家。

父亲"老朱"的被迫离开表明其儒家伦理下父亲的地位和权威已经丧失殆尽，暗示了与父权紧密相关的中国传统男性气质在与美国文化的激烈碰撞下摇摇欲坠。但是电影结尾对于儒家伦理下的父子关系明显抱有很大的眷恋和不舍。

(儿子朱晓生来到牢房看望因为打架闹事被拘留的父亲)
朱晓生：爸，我们搬了新房，现在大很多。
"老朱"：干什么？
朱晓生：请你回家。
"老朱"：回家，回谁的家？
朱晓生：我的家就是您的家。
"老朱"：算了，我想开了。只要你们生活得很幸福，其他的事情都不重要。你有孝心的话，就在中国城附近租一间公寓，让我一个人安安静静，存神养性。如果有空的话，带着孩子来看看我，这样大家见面还有三分情。

朱晓生：爸，您看咱们离开这么多年，离乡背井读书找工作，就为了建立一个家。我希望有一天，把您接来美国，让您过几年好日子。（朱晓生扑到"老朱"怀里失声痛哭）

电影镜头的使用意味深长，充分调动了观众对年老体弱的父亲"老朱"的同情和理解。镜头采用高镜头展示儿子视角下蜷缩在牢房一角的父亲，暗示父子之间已经颠倒的权力关系。随着儿子弯腰下蹲，静止的镜头凸显了父亲昏暗光线下的面部轮廓，暗示他压抑克制的内心情感。缓慢而低沉的二胡音乐随之响起，更增添了观众对父亲的同情，凸显了老父亲内心的苦楚，之后儿子抱着父亲的手臂痛哭起来，镜头随之对父亲年迈的脸庞和虚弱的身体进行特写。最后，长镜头下父亲和儿子在监狱相拥，是对父子和解的无声言说。最后镜头调转到儿子朱晓生计划和父亲同住而新买的大房子，暗示了儿子最终对中国传统孝道伦理的回归和对父亲尊严的守护。

父子关系的和解不仅体现为儿子朱晓生最终对父亲"老朱"的理解，而且表现为父亲"老朱"在跨文化空间里所作的身份调适以及尝试接受美国社会的个人主义。对话中，当儿子朱晓生告诉"老朱"要带他回家的时候，"老朱"问："回谁的家？"李安通过电影将"家"的概念和形象贯穿始终、有实有虚。"老朱"从北京到纽约儿子家，不仅穿越了时间，也置换了空间。① 以家庭本位为中心的儒家文化强调男尊女卑、孝敬父母和养儿防老。"老朱"作为长辈，曾经理所应当地认为自己是"当家人"，儿子的家就是自己的家。因此他虽然身居美国，但不改中式着装和日常生活习惯，每日练拳打坐、悠然自得。但是接连的家庭冲突让"老

---

① 夏蓓洁：《隐蔽的冲突与融合——电影〈推手〉中隐形文化之解读》，《当代电影》2016年第7期。

朱"不断意识到,美国文化强调夫妻关系,在儿子和媳妇玛莎的家庭中,自己只是一个局外人和入侵者。"老朱"无奈的发问表明他已经开始理解美国文化中对个人以及小家庭的强调,他不能把儿子的家当作自己的家。影片最后,即使父子关系和翁媳关系和解,"老朱"依然选择一个人在中国城居住,这可能也暗示了他对美国文化价值观的妥协。这份妥协里固然有身在他乡的无可奈何,但更多展现的却是中国儒家伦理下父亲对子女的包容和爱护,甚至自我牺牲。也正是通过这种方式,导演李安维护了父亲"老朱"的尊严,塑造了中国文化传统下令人尊敬的父亲形象。

二 男女关系

影片中"老朱"和儿媳玛莎之间的冲突在影片一开始便通过电影内框镜头进行展示。镜头一分为二,前面是正在打太极和练习书法的"老朱",后面则是敲击键盘的玛莎。镜头里一边是"老朱"在屋外抽烟,另一边则是玛莎在安静地看报纸。"老朱"和玛莎频繁出现在同一镜头里,但摄像机总能用门廊或窗户将他们分开。通过这样的方式,导演李安也强调了"老朱"与玛莎两人虽然共享同一空间,但他们却生活在不同的世界。[1] 此外,影片开头长达八分钟都是无声的,"老朱"和玛莎之间没有任何对话,各自做着自己的事情。两人之间的零交流一方面是因为两人之间言语不通,另一方面也是因为玛莎不让"老朱"说话。当"老朱"在客厅看京剧起劲哼上一段时,却被玛莎迅速打断并让他戴上耳机。当"老朱"把锡纸包裹的食物放进微波炉加热时,却又被玛莎抢上一步生气地制止。和影片后面沉默作为一种交流方式不同,影片前半部分的沉默代表了"老朱"和儿媳玛莎之间的相互不理解。[2] 这种不理解和摩擦也在影片中得到象征性的展示:"老朱"和玛莎都在写作,但是他们使

---

[1] Dariotis Wei Ming and Eilleen Fung, "Breaking the Soy Sauce Jar: Diaspora and Displacement in the Films of Ang Lee", Sheldon Hsiao-peng Lu ed., *Transnational Chinese Cinemas: Identity, Nationhood, Gender*, Honolulu: University of Hawaii Press, 1997, p. 193.

[2] Dariotis Wei Ming and Eilleen Fung, "Breaking the Soy Sauce Jar: Diaspora and Displacement in the Films of Ang Lee", Sheldon Hsiao-peng Lu ed., *Transnational Chinese Cinemas: Identity, Nationhood, Gender*, Honolulu: University of Hawaii Press, 1997, p. 195.

用的是不同的书写工具；"老朱"手握毛笔练习书法，而玛莎则是在电脑键盘上打字；两人同时在厨房做饭，两人的双手虽然在做着类似的动作，但是他们烹饪的食物却截然不同；"老朱"给胃痛的玛莎品脉，却让玛莎因为过分焦虑而引发了胃出血。

　　电影镜头对空间的表达十分耐人寻味，是中国父亲"老朱"与白人儿媳玛莎之间微妙冲突的隐喻。其中最有代表性也是出现次数最多的空间争夺就是厨房。究竟谁是厨房的主人？在中国文化中，虽然厨房不是男性的主要领地，但是对于深受儒家文化影响的"老朱"而言，作为朱姓长辈的他在儿子的家里理所应当是"当家人"，更不用说小小的厨房了。而美国文化中的厨房却是决定谁主管这个家的场所。如果不能以主妇的身份掌管好厨房，便会居于下风。①我们看到当"老朱"用微波炉热午饭时，尽管玛莎不在厨房，但是她的注意力却一刻也没有离开这方领地。锡纸引爆的声音犹如发令枪响，她以最快的速度冲向厨房，企图夺回她的主权。午饭时，"老朱"端着他的中式海碗，本来打算去餐厅的桌子。但也许是为了缓和之前略显紧张的关系，他又转身回了厨房，坐在了玛莎对面。但是对于玛莎而言，她刻意留在厨房进餐的目的不言而喻，是希望能躲避"老朱"独处，且重新占据自己的领地，因此与"老朱"相对而坐，空间中散发的中餐的气味，"老朱"的怡然自得都让玛莎感到压抑和不满。黄昏时分，"老朱"再次进入厨房准备晚饭，他动作利落、胸有成竹。随后的镜头将玛莎也带入厨房，两个人在厨房里相互躲闪、各行其是，但都没有回避或者撤离的意思。此时隐蔽的主题依然是"谁是主人"的权力之争。② 可以说，不仅是厨房，电影对"空间"的关注也相当引人注目。晚饭后，"老朱"独自在室外抽烟，面对宽阔的空间一脸茫然和孤独，楼上则传来儿子一家三口的说笑声。这些镜头语言展现了"老朱"和玛莎之间的中美文化冲突，也暗示了"老朱"的传统男性

---

① Hall Edward T., *The Silent Language*, New York：Anchor Books. 1990, p. 31.
② 夏蓓洁：《隐蔽的冲突与融合——电影〈推手〉中隐形文化之解读》，《当代电影》2016年第7期。

第二章 建构与冲突:《推手》中的男性气质解读

身份在遇到美国文化时所遭受的频繁打击。

"老朱"的"文—武"男性气质和父亲身份完全不被玛莎认可。当"老朱"用孔子的话称美国动画片都是"怪力乱神"时,玛莎对此嗤之以鼻,并反驳太极拳也是暴力活动。当"老朱"决定出门走一走,玛莎不耐烦地挥手表示并不在意。最后"老朱"在纽约城迷路制造了影片冲突的高潮。"老朱""走着走着就看不见教堂了",美国城市的空旷空间给中国传统文化下的"老朱"以强烈的隔离感、忽视感和离散感。他在空间的"迷路"也是他在美国社会男性身份的"迷失",暗示了他的传统男性理想价值不再受到重视。事实上,影片有多处镜头强调"老朱"在异国文化下身份感和价值感的丢失。他在家无所事事、孤独无聊,躺在沙发上不停地换台和 VCD,对什么都提不起兴趣。他没有人可以说话交流,即便是儿子朱晓生下班回来也是面带倦容,被搭话时显得不耐烦。

最重要的是,儿媳玛莎对"老朱"儒家伦理下的父亲身份并不认可,也最终导致"老朱"的被迫离开。《推手》中出现的餐桌座位颇具象征意味。在儒家伦理下,"老朱"对晚年生活的希冀是三代同堂、子孙绕膝、合家围桌进餐。因此我们看到影片中餐桌的座位是"老朱"居中,儿子孙子在左边依次排列,玛莎居右,呈现中式大家庭的团圆聚拢形式。但是从另外一个方位观察,玛莎一家的核心小家庭才是围拢的:玛莎遵从美国习俗坐在靠近象征家庭主人地位的厨房位置,丈夫和儿子在她正对面,而"老朱"才是局外人。"老朱"与晓生 90 度的方向暗示父子之间的意见分歧与退让回避,"老朱"与玛莎 90 度的方向则表示两者之间的相互排斥和不予理睬。[①] 玛莎住院后,孙子吉米拒绝"老朱"喂食,说:"你把妈妈弄病了",也和妈妈一样表现出明显的敌意和不满。面对频频爆发的家庭矛盾,朱晓生夹在妻子和父亲之间痛苦不已:"我从小就被教育要像父母对待我那样对待他们。我的父亲是我的一部分。为什么你不能接受这一点?"对于在儒家家庭伦理下成长的朱晓生,他认为妻子

[①] 夏蓓洁:《隐蔽的冲突与融合——电影〈推手〉中隐形文化之解读》,《当代电影》2016 年第 7 期。

玛莎应该和自己一起供养孝敬父亲"老朱"。但是对于玛莎而言，尽管她愿意也尽力理解丈夫，但实际很难理解儒家文化下子女对父母应尽的孝道。她无法将"老朱"当作一家之主给予充分尊重，当"老朱"外出迷路时，她认为这只不过是小孩子求大人关注的小把戏。她认为"老朱"在家干扰到她的写作是一种负担，因此不止一次地要求丈夫让"老朱"搬出去。这些做法彻底打破了儒家伦理下的翁媳关系，而朱晓生最终在玛莎的催促下将"老朱""赶走"则直接说明"老朱"在这个跨文化家庭里彻底丧失了家长身份。

随后导演李安通过"老朱"和常太太的关系弥补了他在与玛莎关系中所遭遇的无视和挫败。常太太在影片中是一位从中国台湾搬到美国纽约和女儿同住的妇人，丈夫已经去世多年。影片一开始便暗示"老朱"对常太太颇有好感，并在两个人的关系中强调"老朱"的男性魅力和男性欲望。影片中有多次对"老朱"手部的特写，无论是打太极时舞动的双手，还是练习书法时挥动的双手，都是影片极力强调的身体部位。在与常太太的关系中，手部则成为展现"老朱"男性欲望的关键。"老朱"和常太太初次相见，他接受了班上学员小胖的挑战，故意将其推至常太太烹饪班的桌子旁摔倒，打翻了一桌的饺子。因此吸引了常太太的注意并搭讪成功。电影镜头对"老朱"缓慢舞动的右手进行近景特写，强调了他身为太极大师的魅力。随后，"老朱"精心手写了一部书法作品，托儿子装裱并送给常太太表示歉意。近镜头下"老朱"挥洒的书法动作不仅展现了他深厚的文化修养，而且暗示了他内心的骄傲和自信。之后，影片通过"老朱"给常太太按摩肩部说明了对方对他的好感和信任，与先前玛莎拒绝"老朱"品脉形成了鲜明对比。电影镜头首先特写两人的双手相握，随后用移动镜头展示旁边观众的面部表情，尤其是孙子吉米因为害怕不解而扭曲的脸，之后镜头再次回到"老朱"的双手，并逐渐扩大至常太太的面部，特写她疼痛好转之后的自在放松。缓慢流动的电影镜头在无声中展示了"老朱"和常太太之间关系的拉近和感情的升温。我们看到两人在中文学校肩并肩包包子唠

第二章 建构与冲突:《推手》中的男性气质解读

家常、在春游爬山时坐在台阶上聊天,以及影片结尾两人并肩站在洒满阳光的中国城的街道上怅然若失。最后"老朱"主动邀约成功则暗示了两个人之间的浪漫结局。

影片对"老朱"男性魅力和情欲的着力描绘一方面是对东方主义话语里中国男性缺乏阳刚之气和男性欲望偏见的驳斥。李安刻意安排并突出"老朱"和常太太之间的黄昏恋以证明"老朱"的男性魅力和欲望,因而得以在西方性别范式下确立其异性恋男性气质。另一方面强调"老朱"的男性魅力也是为了弥补其在与玛莎关系中受挫的男性自尊。影片对于"老朱"和儿媳玛莎以及常太太之间关系的描绘展现了种族和性别在建构个体性别身份过程中的复杂权力关系,以及他在与白人女性关系中受挫的男性自尊在和同民族女性的交往中得到彰显。

但是影片中的常太太却绝不仅仅是一个建构"老朱"男性气概的辅助角色,而是颇具主体性和独立性。在他们第一次相遇时,是常太太首先开口和"老朱"搭话。中景镜头下两个人的身体语言都暗示了彼此之间的好感,常太太结束谈话之后离开,镜头特写了她微笑的面部表情。之后镜头采用"老朱"的视角开始打量上烹饪课的常太太,当她感受到"老朱"的凝视时,常太太大胆地抬起头,和"老朱"进行对视,镜头下的"老朱"显得局促而慌乱,赶紧转向一边。穆尔维在《视觉快感和叙事电影》中强调,"在一个性别不平等支配下的世界,'看'的快感在主动的/男性的和被动的/女性的之间发生分裂",女性的在场只为满足男性的"凝视",自身没有丝毫的重要性。[1] 但导演李安颠覆了这种"主动的/男性的和被动的/女性"的逻辑,常太太既是"老朱"男性凝视的客体,但同时也是主动回应男性"凝视"的主体,显现出权力的表征。事实上,影片多次强调常太太在与"老朱"关系中的支配地位。比如她能够自信地点评"老朱"的书法作品,展示出更胜一筹的文化底蕴。反而是"老朱"在常太太面前时常显得局促不自信。比如他在打坐的时候生

---

[1] Mulvey Laura, "Visual Pleasure and Narrative Cinema", Leo Braudy and Marshall Cohen eds., *Film Theory and Criticism: Introductory Readings*, New York: Oxford University Press, 1999, p. 837.

跨文化空间里的男性气质互动

怕错过常太太的回话而将电话放到旁边，以及他会特意换上西装、打上领带去见常太太。影片中"老朱"的服装是其男性身份的外在表征物，当"老朱"练习太极和书法的时候，他常常穿着中式长袍，神态自若，彰显了他在传统文化下的男性气概。但是当其男性气质受到冲击时，他往往穿着西式的服装。比如当他在餐厅洗盘子、在纽约市走丢、被警察拘留时，他都穿着西式的休闲衬衫。而第一次去拜访常太太时，他则紧张地换上了西装和领带，内心的焦虑通过外在的服饰显现出来。因此，通过常太太的形象描绘，李安摆脱了通过弱化女性而去强化男性气概的二元性别范式，使"老朱"的男性气质得到令人信服的表达。

影片更是通过"老朱"和玛莎之间关系的逐步融洽肯定了"老朱"的男性气质。片中的厨房是"老朱"和玛莎权力争夺之地，也是他们逐步和解的情感融合场所。影片中因为父亲走丢而懊悔自责的晓生在冲动中掀翻了餐桌，"老朱"在被警察送回家后，看到一片狼藉的厨房，意识到自己给儿子媳妇关系带来了冲突与不和谐，心怀愧疚和无奈。他不顾迷路之后的饥寒劳累，主动与玛莎一起收拾厨房，这是他们在历经多次冲突之后的首次合作，暗示了两者开始尝试接纳对方。在影片结尾，玛莎为好友炸春卷并告知她正准备写一部关于中国劳工在美国修建铁路的小说，她甚至开始向朱晓生学习如何"推手"。这都暗示了玛莎这位白人女性对中国文化以及中国男性气质的理解与认同。

玛莎：你为何不跟你的父亲学习太极？

朱晓生：你知道，太极拳是爸逃避苦难现实的一种方式。他擅长太极推手，是在演练如何闪避人们。

玛莎：什么是推手？

朱晓生：是一种双人太极拳对练，练习保持自己的平衡，同时让对方失去平衡。

电影镜头在学习太极的玛莎和在中国城教授太极的"老朱"之间转

换，暗示了中国文化传统在跨文化空间的保存和流传。尤为重要的是，影片在推手的画面中展示了朱晓生对父亲"老朱"的理解，太极是"老朱"逃避现实和避免与人接触的有效手段，象征着他对中国传统文化的固守。但是，跨文化空间里的"老朱"无法逃避美国文化给他带来的巨大冲击，他不得不在中国传统文化和美国文化激烈的碰撞下妥协、改变并尝试构建新的男性气质身份。在这个意义上，"推手"便成为两种文化下男性气质身份冲突交流的隐喻，双方都需要在碰撞和推挡中实现平衡。

通过父子关系和男女关系中"老朱"男性气质身份的冲突和重构，李安一方面展现了中国本土语境下的男性气概在跨文化空间里所受到的冲击，另一方面则小心地维护中国文化传统以及试图在跨文化空间彰显中国传统男性气概的魅力。无论是"文—武"男性气质理想还是儒家伦理下的父亲形象，都通过"老朱"这个具体的人物形象在跨文化空间导致了一系列的变化，影片结尾"老朱"对传统的坚守则彰显出导演李安对中国传统的眷恋和信心。李安对"老朱"传统男性气质的彰显并没有落入性别本质主义的陷阱，尽管以大团圆结局处理冲突的方式有些理想化和表面化，但从中也可以窥见李安对跨文化空间个体身份建构中复杂权力关系的审视。

第三节 "跨不同"视野下对中国传统男性气质的反思

通过"跨不同"理论，我们试图挖掘"老朱"在跨文化空间中个体身份建构的复杂性，并对中国传统男性气质进行反思。《推手》最后以和谐完满的家庭关系结尾，尤其是强调"老朱"和儿媳玛莎之间的跨文化理解和相互接受。爱泼斯坦（Epstein）在谈到"跨文化性"（transculturality）时乐观地宣称，日益凸显的跨文化空间给个体提供了充分自由以逃避单一文化带来的限制以及帮助其摆脱对所谓原生、本国或者前文化的依赖。① 然而，爱泼斯坦所秉持的跨文化身份自由似乎太过乐观和简单，无法揭示"老朱"男性身份构建中的社会政治复杂性。影片中"老朱"在跨文化空间里并没有最终构建某种"解放了"（emancipated）的男性身份，而是最终回归中国文化传统以重建男性气质身份。

在探讨边界问题时，跨文化和跨文化性聚焦个体摆脱根文化的束缚，强调文化的融合以及个体拥有不属于任何文化的自由，也就是彻底摆脱自我和他者的差异，甚至质疑差异本身是否存在。"跨不同"理论却在承认差异的同时，重点关注在文化和集体身份重合交叉的部分所出现的一系列现象。

> 在"跨不同"视角下探究身份形成过程的目的在于发掘自我和他者之间被性别政治掩盖和忽视的错综复杂的相互关联和相互依赖的关系……"跨不同"将文化身份叙事看作是在自我和他者相互依赖下产生的，自我都带有他者的印记，具有互文性……简单来说，并不存在所谓纯粹的自我表征和反话语，因为所有的身份叙事都一定程度上和其他的群体——在反话语中往往是霸权话语——紧密地缠绕在一起。②

电影中"老朱"的男性身份建构正体现了这种自我认知和他者看法的共舞。"老朱"的"文—武"和儒家理想男性气质在其与文化"他者"——白人女性玛莎的关系中遭遇了挫败。"老朱"在跨文化空间的男性气质构建和重建不仅涉及在中国文化传统下的男性自我认知，而且包含了对美国主流文化中中国男性刻板印象投射的回击。比如"老朱"正是通过和常太太的异性恋罗曼史从而在西方性别机制下确立了他的男性

---

① Epstain Mikhail N., "Transculture: A Broad Way between Globalism and Multiculturalism", *American Journal of Economics & Sociology*, 2009, p. 328.

② Breinig Helmbrecht and Klaus Lösch, "Transdifference", *Journal of the Study of British Cultures*, 2006, pp. 112-113.

魅力。此外,"老朱"对"文"的男性气质的理解也在美国受到了资本主义的冲击而发生了变化,包含了更多对经济和物质的强调。而影片最后通过暗示玛莎对中国文化传统的接受,既表现了对"老朱"传统男性气质的维护,也表达了跨文化语境下彼此之间的理解和宽容。

影片最后"老朱"没有搬去儿子的大房子安度晚年,而是坚持在中国城独自居住,教授中外学生太极拳。"老朱"对传统文化的回归和男性气质的重构压制了"跨不同"背后的复杂性。"跨不同"是身份形成过程中的副产品,在身份构建中往往被压制,因为自我和他者都宁愿在一个充满变数的世界里牺牲复杂性而建立本质主义的个体和群体身份。[1] 影片中的"老朱"最终确实选择了清晰的文化归属以重构男性气概,遮蔽了身份政治中的复杂关系。最重要的是,个体身份建构中跨文化的男性气质互动也消失了。我们需要进一步关注的是,"老朱"为什么作出这个决定?决定跨文化空间个体男性气质身份建构的权力关系有哪些?是什么因素在主导和影响跨文化空间里的男性气质互动?

需要注意到的是,无论是"文—武"男性气质模式还是儒家伦理道德,在美国社会、乃至世界性别认知中都是被边缘化的。尽管"老朱"的"武功"在电视上一展风采受到了关注,但是美国社会中的中国男性和男性气质依然是噤声的。"老朱"最后返回中国城,个人选择背后其实是跨文化空间不平等的权力关系——白人中心主义的男性气质处于支配地位,而中国男性气质处于从属地位。

小 结

贯穿影片《推手》的是导演李安对西方中心主义性别范式的抵制。中国本土语境下对"老朱""文—武"男性气质理想的描绘挑战了美国

---

[1] Breinig Helmbrecht and Klaus Lösch, "Transdifference", *Journal of the Study of British Cultures*, 2006, p. 112.

跨文化空间里的男性气质互动

主流文化对中国男性气质的误解和偏见，为西方观众提供了审视男性气质和性别范式的新视角。同时，影片重新审视了儒家伦理中的"孝顺"在构建传统男性气质里的作用。一方面，作为衡量男性气质的最重要标志，"孝顺"对个体男性自由产生了一定的抑制，另一方面，以"孝顺"为核心的儒家伦理在解决父子冲突、维护家庭和谐关系表现出积极的作用。此外，通过"老朱"与白人女性玛莎和华人女性常太太的关系，影片展示了中国本土语境下的男性气质在跨文化空间所遭遇的矛盾和冲突，以及其中复杂的种族、性别关系。在文化交流日益频繁的时代，任何文化里的男性气质身份都无法"独善其身"，在探讨跨文化男性气质问题时，我们既要反对对文化传统的封闭式固守，也要警惕当今世界文化交流中的西方霸权主义。

第三章　颠覆与重构：《喜宴》中的男性气质解读

电影《喜宴》在 1992 年的柏林电影节上获得了"金熊奖"，并荣获第 66 届奥斯卡金像奖"最佳外语片"提名，更是在第 30 届台湾电影金马奖中斩获最佳影片、最佳导演等 5 项大奖。《喜宴》的剧本实际在 1987 年就已经完成，但是"它太中国了，因此难以在美国筹到投资；太'酷儿'了，因此难以在台湾得到投资"。但《推手》在台湾的成功促使李安下决心拍摄了原本认为风险太大的《喜宴》并获得了成功。电影讲述的是美国华裔高伟同为了满足父母传宗接代的要求假结婚所闹出的一系列"笑话"。台湾青年高伟同来到纽约曼哈顿工作定居，有一个同性恋男友赛门。为了阻止远在大洋彼岸的父母不断安排的相亲和催婚催生，伟同接受了赛门的建议，与来自上海的非法移民女孩威威假结婚。不想伟同的父母在听到这个"好消息"之后决定来美国和未来的"儿媳妇"见面并参加婚礼。伟同本打算按照美国的方式在市政厅简单宣誓结婚，但是最后拗不过父母和父亲在美国开酒店的老部下的盛情，举办了一场体面的中式婚宴。婚礼当晚，威威勾引了喝醉的伟同，两个人发生了性关系，威威怀孕。伟同与赛门的感情由此出现危机，三人的谎言也难以继续。伟同不得已将自己是同性恋的"秘密"告诉了自己的母亲，但是两人约定好对病中的父亲守口如瓶。其实略通英文的高父早已看穿了一切，并在私下接受了赛门。威威最后决定留下这个孩子，并请伟同和赛门做孩子的父亲。影片最后，高父母离开美国，在机场的安检口，高父高举双手接受安全检查，影片戛然而止，留给观众无限的想象空间。

李安电影的特征之一就是影片开头意蕴深厚，《喜宴》也不例外。影片通过不断切换镜头，分别展示两种类型的男性气质，有强烈的对比意味。一边是高大威猛的华裔男性高伟同正在健身房锻炼，近镜头特写结实强健的肌肉彰显着男性的阳刚之气，电话里的母亲正在用普通话催促他结婚生子，延续高家血脉。一边是气质柔和的美国白人男性赛门正在帮助病人做复健，口中念念有词："青山本不老，为雪白头；绿水本无忧，因风皱面。"① 影片一开始就用镜头语言颠覆了美国主流社会对华裔男性的刻板印象。大卫·安（David Eng）在《种族阉割》（*Racial Castration*）一书中分析"酷儿"（queer）文化时指出，在美国主流同性恋文化中，华裔男性总是"被女性化（feminized）和边缘化（marginalized），是白人男同性恋的僮儿（houseboy）"②。他认为《喜宴》中高伟同成功、阳刚的男子汉气概颠覆了这种"娘娘腔结构"（Rice Queen dynamic），重新书写了亚裔男性的酷儿身份。在笔者看来，影片并不是对同性恋酷儿身份的探讨，而是围绕同性恋展开的对于跨文化语境下性别、种族、文化以及代际冲突的思考。同性恋是李安颠覆美国主流社会对华裔男性"种族阉割"的重要手段，也是其探讨性别和男性气质在中西文化里不同内涵的出发点。笔者认为，李安从儒家伦理层面探讨高伟同的同性恋身份和男性气概，重新审视了性别界限，展示了性别的流动性，也抨击了美国白人异性恋霸权。高伟同模糊化和流动性的性别身份展现出中国前现代性别内涵，有力地冲击了西方性别范式中简单的同性恋/异性恋、男/女二分法，对于正确认识性别建构具有重要理论意义。

---

① 这本是一副对联。清朝人李文甫少时随老师出游，师指积雪山峰出上联相试，李低头沉思，见一池碧水被风吹皱，悟出了下联。意思是人本来是无忧愁的，所有的愁绪其实都来源于外界的诱惑。赛门在这里吟诵可能是为了帮助病人缓解焦虑，但明显他的病人并不理解。这里展现了赛门在中国古典文化上的造诣，也为后面他和伟同的关系埋下了伏笔。

② Eng David L., *Racial Castration: Managing Masculinity in Asian America*, Durham: Duke University Press, 2001, p. 220.

第三章　颠覆与重构：《喜宴》中的男性气质解读

第一节　"种族阉割"的戏仿

中国男性在美国社会中一直是缺乏阳刚之气的刻板印象。布莱恩·洛克（Brian Locke）在《好莱坞荧屏上的种族歧视》（*Racial Stigma on the Hollywood Screen*）中指出，美国种族话语中的黑白二元结构也支配着好莱坞对亚洲人的描绘。[①]中国男性在好莱坞电影中要么是美国白人男性的"女性化"（feminized）伙伴，要么是恶棍。导演李安在《喜宴》中颠覆了这种白人和非白人之间的种族权力话语，在高伟同和赛门的同性关系中，李安刻意套用了异性恋模式，将华裔男性高伟同塑造成阳刚的"男性"，而将白人男性赛门刻画成阴柔的"女性"。

高伟同是充满男子气概的成功商人。影片一开始便通过镜头特写他强壮的肌肉，之后强调他是一位成功的地产商人。他可以潇洒地拿出小费打发街边卖唱的白人歌手；操着流利的英语大声训斥自己的白人雇员；西装笔挺地穿梭于曼哈顿鳞次栉比的高楼中。更重要的是，他在与同性恋人赛门的关系中明显处于支配地位。影片开头便强调白人男性赛门的职业是理疗师，擅长"照顾"他人，随后则通过一段对话明确了两人之间的恋人关系：

赛门：你吃得太快了。

伟同：我紧张啊。假如他们准我改建贺逊大楼，我就发了。假如不行，我们连去斗六度假的钱都没了。

赛门：如果你连休假的时间都挪不出来，还谈什么有没有钱去度假呢？谈到度假，斯提夫和安德鲁刚从比利兹回来，他们恨透了那个旅馆。

[①] Locke Brain, *Racial Stigma on the Hollywood Screen: The Orientalist Buddy Film*, New York: Palgrave Macmillan Press, 2009, p. 9.

跨文化空间里的男性气质互动

> 伟同：是不是原来我们也要住的那一家？
>
> 赛门：是啊。还好我们没有一起去。
>
> 伟同：赛门，我真的很抱歉，可是我已经决定了。我九月请你到巴黎去玩，就在社区规划的听证会之后。算是你的生日礼物。

这段对话似乎有意模仿异性恋爱人之间常有的关系：工作忙碌的男性因为忽略了伴侣试图用度假来进行情绪安抚。伟同忙于计算经济利益，操心着他和赛门的财政状况。他在经济上明显优于赛门，是他们关系中的决策者，因此他可以决定九月请赛门去巴黎度假庆祝生日，以弥补因为他工作忙碌而取消掉的两人度假计划。在对话中，赛门的情绪则一直随着伟同的决定而起伏，被塑造成一个絮絮叨叨的女性化形象。他首先因为伟同取消了度假计划而不满，通过嘲讽的语气向伟同抱怨。随后又因为伟同的道歉和提出去巴黎的计划而兴奋不已。电影以特写镜头强调了赛门的阴柔特质：皮肤白皙、头发微卷、五官柔和秀美，举止温柔，情绪敏感。

在两人的关系中，赛门像"妻子"那样操心着伟同的生活起居。影片中有一段对话是赛门向搬进公寓充当假妻子的威威介绍伟同的生活习惯，由于赛门介绍得太过细致，威威只能拿笔不停地做着记录。

> 赛门：伟同的衣服、衬衫、内衣裤……平常穿三角裤，不过睡觉时穿四角裤。这里都是他妈寄来的东西，全是尼龙料，可是他当宝收藏。沙发是他的小小世界。这里，全是没空看的杂志。《世界贸易》《财富》……他是十足的雅痞。这电话他打起来就跟猪一样，叫个没完。这么多的垫子，因为他常常窝在里面就睡着了。有时候我硬把他抱到床上去。他都是早上淋浴，除非那天心情不好，或者是我们吵架，那他就直接去健身房。他不抽烟不喝酒，除非是我们吵架或是心情不好。

影片刻意用好几分钟的特写强调赛门对伟同生活习惯的如数家珍。

第三章 颠覆与重构：《喜宴》中的男性气质解读

这一幽默的情节一方面再次凸显了伟同作为社会中产阶级男性的生活品位和阳刚之气，是对华裔男性刻板印象的有力回击。另一方面则再次强化赛门的女性化特征，说明其对家庭事务十分熟悉，从而将赛门和威威在与伟同的关系中"等同"起来，凸显赛门的"女性"位置。

事实上，影片将赛门和威威均塑造成伟同的"伴侣"，甚至通过威威之口直接表明："我很嫉妒赛门，他有一个又帅又有钱的男朋友。"相比较威威，赛门甚至更加懂得如何照顾伟同和高父，高父也多次感谢赛门的"照顾"。影片中的赛门精通厨艺，与威威的一窍不通形成鲜明对比。为了瞒过高父高母，赛门只好在厨房指导威威做饭招待公婆。两位媳妇在厨房忙活，一位满足中国传统社会延续香火的期待，一位则满足丈夫对于"妻子"的欲望。[①]

此外，赛门和威威的身体都成为镜头展示的对象，满足观众的猎奇心理和窥视欲望。影片中展示赛门小解的镜头有两次，尽管镜头停留在他的面部，避开了对男性阳具的直接展示，但是这种不必要的私密镜头将其放置在观众的监视之下，让其成为一个被"凝视"的对象。影片对于女性角色威威的展示则更加大胆，移动的特写镜头将威威洗澡时的身体展露无遗。在《视觉快感和叙事电影》（*Visual Pleasure and Narrative Cinema*）中穆尔维指出，"在性别不平等的世界，'看'的快感分裂为主动的/男性的和被动的/女性的两个方面"。在穆尔维看来，"在好莱坞主流电影中，女性往往被以性欲的对象编码进叙事秩序，迎合着观众的视线，也指称着男性的欲望"[②]。影片将赛门和威威置于观众的男性"凝视"之下，是将赛门进一步女性化的镜头表达。赛门不再是窥视的男性主体，而是和威威一样，其身体被编码成视觉与色情符号，被同样置于男性的"凝视"之下，成为观众欲望的客体，并由此引发"窥淫"的视觉快感。

[①] Dariotis, Wei Ming and Eilleen Fung, "Breaking the Soy Sauce Jar: Diaspora and Displacement in the Films of Ang Lee," Sheldon Hsiao-peng Lu ed. , *Transnational Chinese Cinemas: Identity, Nationhood, Gender* Honolulu: University of Hawaii Press, 1997, p. 205.

[②] Mulvey L. , *Visual Pleasure and Narrative Cinema*, Screen, 1975, pp. 6-18.

跨文化空间里的男性气质互动

这种将赛门女性化的处理固然存在导演李安将异性恋模式强加到同性关系的想象，但更是对美国主流社会一贯塑造的阳刚白人男性与阴柔华人男性权力逻辑的翻转，是对白人异性恋霸权的质疑。大卫·安指出，"种族区别常常反复作为区别规范的和反常的性与性行为的代理人"[1]，"异性恋则通过与霸权性的，没有标记的白种人默契结合而获得绝对的话语权"[2]。影片一开始李安便颠覆了种族和性取向之间的关系，打破了西方性别范式中白人和异性恋以及男性气概之间的密切关系。此外，影片刻意将赛门和华人女性威威作类比，打破白人男性拯救亚裔女性的神话。斯皮瓦克（Spivak）在她富有影响力的文章"底层人能说话吗？"（Can Subaltern Speak?）中指出，英国人在印度废除印度教的萨蒂（sati）仪式，通常被用来证明白人男性是如何从棕色男性手中拯救棕色女性的。[3] 这个神话也一直控制着亚洲女性、男性以及白人男性三者之间的权力关系书写。不少亚裔美国文学都着力刻画白人男性是如何将亚裔女性从家长制的、冷酷的和不具备男性气概的亚洲男性手中解放出来。电影《喜宴》则通过伟同、赛门和威威颠覆了这种权力逻辑下的三角关系。颇具意味的是，正是白人男性赛门提议华裔男性伟同通过假结婚的方式"拯救"面临签证到期被逐出美国的华人女性威威。但最终却使自己和威威处于类似的位置，成为高家的"媳妇"。李安对白人拯救神话的刻意改写打破了华裔男性伟同和美国白人男性赛门之间的不平等权力关系。伟同和赛门的同性关系也因此被赋予反抗种族歧视以及颠覆建立在种族和异性恋基础上的白人霸权的政治内涵。此外，李安对华裔男性伟同男性气概的强调也是对西方文化语境下同性恋污名化和恐同症的反击。影片进一步透过中国儒家伦理重新审视同性关系，探讨性别和男性气质在中西文化中的不同内涵。

---

[1] Eng David L., *Racial Castration: Managing Masculinity in Asian America*, Durham: Duke University Press, 2001, p. 6.

[2] Eng David L., *Racial Castration: Managing Masculinity in Asian America*, Durham: Duke University Press, 2001, p. 13.

[3] Spivak Gayatri, "Can the Subaltern Speak?", Patrick Williams and Laura Chrisman eds., *Colonial Discourse and Postcolonial Theory: A Reader*, New York: Columbia UP, 1994, p. 92.

第二节 压抑的中国家庭 VS 自由的美国社会?

影片刻意凸显了同性恋和中国传统家庭伦理之间的矛盾。影片开头伟同和赛门关系和谐,他们之间的唯一问题似乎来自伟同父母对其延续高家血脉的期待。影片也借伟同之口表达了同性恋男性对这种家庭传统的无奈和反抗:"如果不是你和爸想要孙子,你不停安排我相亲,我会过得非常快乐。"这样看来,中国传统家庭延续香火的任务似乎是伟同同性恋身份的唯一障碍。

儒家传统认为"不孝有三,无后为大",中国男性只有结婚生子完成延续家族香火的使命,才能最后确立自己的男性身份。影片中通过特殊的情节设置有效解决了同性恋身份与男性身份在儒家传统里的冲突:威威勾引喝醉的伟同两个人发生性关系导致威威怀孕,而且高母揣测是个男孩。这个情节的安排受到不少外国研究者的关注,弗兰·马汀(Fran Martin)指出,电影塑造了两种性别体制:一种是中国儒家文化下延续血脉的性别机制(Chinese-familial regime);另一种是美国同性恋的性别机制(American gay identity)。[①] 这种看法似乎也在影片中通过导演李安对中国传统文化的"控诉"而得以确定:"你正见识到五千年性压抑的结果。"(图1)弗兰·马汀进一步认为,影片中的中国文化是恐同主义的,而美国则是同性恋人的自由之地。[②] 这种论断在笔者看来其实是对影片内涵的误读。尽管电影确实从某种程度上揭露了儒家文化传统对于个体,尤其是个体性欲的压抑,但是影片中的美国和中国在对待同性恋问题上远不是压抑和自由的两极。笔者恰恰认为,李安颠覆了这种看法,重新审视了中国儒家伦理对待同性恋的态度,并揭露了美国社会在对待同性恋问题上的表里不一。

[①] Martin Fan, *Situating Sexualities: Queer Representation in Taiwanese Fiction, Film, and Public Culture*, Hong Kong: Hong Kong University Press, 2003, p.143.

[②] Martin Fan, *Situating Sexualities: Queer Representation in Taiwanese Fiction, Film, and Public Culture*, Hong Kong: Hong Kong University Press, 2003, p.156.

跨文化空间里的男性气质互动

你正见识到五千年性压抑的结果

图1 李安在剧中扮演婚礼现场的一位宾客

影片直接揭露了美国社会的恐同症。赛门到公寓前清理垃圾，正好他的同性恋朋友斯提夫骑着自行车经过，热情地和他打招呼。赛门立刻制止了斯提夫在公开场合提及他们的性别身份，并告知这里的人对此非常在意。之后电影镜头对目睹这一幕的中产阶级异性恋夫妇进行特写，他们表情严肃愤怒，盯着赛门和斯蒂芬窃窃私语，表现了他们对同性恋的敌意和歧视。基梅尔（Kimmel）在《美国男性气质文化史》（*Manhood in American Cultural History*）中指出，美国男性气质的最大秘密是"我们害怕其他的男性"，"恐同（homophobia）是美国男性气质文化定义中的核心原则"①。这对家中飘有美国国旗的夫妇对于同性恋的态度说明美国远远不是性别自由的乌托邦。值得玩味的是，美国邻居对赛门同性恋身份的敌视与高家父母对其的态度形成了对比。对于高父高母而言，他们对伟同同性恋身份的最大忧虑来自对高家无法延续血脉的担忧，而并不是对同性恋本身的恐惧和排斥。正如弗兰•马汀指出的，只要高家的血

---

① Kimmel, Michael S., *Manhood in America: A cultural history*. New York: The Free Press, A Division of Simon& Schuster Inc., 1997, p. 142.

第三章　颠覆与重构：《喜宴》中的男性气质解读

脉得以延续，同性恋身份并不是问题。①这种论断是有道理的，因为影片最后高父不仅默认了儿子伟同和赛门之间的同性关系，而且接受赛门成为另外一个"儿子"。而高母最后也接受赛门成为家庭的一员，对他表达关切。因此，影片一方面揭露了儒家伦理对于个人的压抑，但另一方面也展现了儒家伦理的包容性，说明性取向并不是男性气概的绝对标准。由此，李安提供了另外一种解读同性恋和男性气质的中国本土化视角。

中国本土文化中的性别内涵和男性气质建构有着与"现代"话语完全不同的话语体系，同性关系是中国男性气质建构的重要组成部分。在澳大利亚华裔学者雷金庆（Kam Louie）提出的"文—武"作为理解中国文化中男性建构的理论范式中，他指出应该采用双性（bisexual）视角去解读中国文化中以"武"见长的英雄气概，因为这种英雄气概往往是在男性同性关系中确立的。②宋耕（Song Geng）在《文弱书生：中国文化中的权力和男性建构》（*The Fragile Scholar: Power and Masculinity in Chinese Culture*）中进一步发展了雷金庆的观点，他以中国晚明时代的"书生"形象为例，指出中国前现代语境下的男性气质是在同性关系中建立的权力关系和社会政治中不断变化的位置，而不是生理上的男女。也就是说，性倾向并不是男性气概的决定因素，并指出中国男性气质在本质上是雌雄同体的。③魏浊安（Giovanni Vitiello）相比雷金庆和宋耕更进一步，他通过明清时代小说中所展示的同性关系与男性气质和浪漫爱情的关系，指出男性同性关系（无论是否涉及性关系）在欲望想象中占据了中心位置。④ 以上研究说明，在中国前现代语境中，异性恋和同性恋关系在男性气概建构中并不矛盾。尽管中国本土文化中的同性关系不完全等同于西

---

① Martin Fan, *Situating Sexualities: Queer Representation in Taiwanese Fiction, Film, and Public Culture*. Hong Kong: Hong Kong University Press, 2003, p. 156.

② Louie Kam, *Theorising Chinese Masculinity: Society and Gender in China*, Cambridge: Cambridge University Press, 2002.

③ Song Geng, *The Fragile Scholar: Power and Masculinity in Chinese Culture*, Hong Kong: Hong Kong University Press, 2004.

④ Vitiello Giovanni, *Libertine's Friend: Homosexuality and Masculinity in Late Imperial China*, Chicago: University of Chicago Press, 2011.

方现代文化中的同性恋，但能够肯定的是，在中国主流文学和文化书写中并不存在对于男性同性关系的焦虑和恐惧，甚至"同性情欲在中国的明清时代被广泛接受，成为男性性欲的重要部分"①。对于同性关系来说最大的阻碍来自儒家伦理对于孝道的强调，要求男性通过结婚生子延续家族血脉。

在电影《喜宴》中，李安跳出了西方社会的性别范式尤其是恐同症，将同性关系放置在中国前现代语境下加以审视，探讨同性关系问题中的代际和文化冲突，提供了一种本土化的性别和男性气质建构视角。对于伟同来说，他并不是因为自己的同性恋身份而痛苦，而是挣扎于他的个体自由和作为儿子需要履行的儒家孝道之间的矛盾和冲突。进一步说，影片中伟同与赛门、威威之间都发生了性关系，这种刻意安排实际上模糊了同性恋和异性恋的界限，展现出中国前现代语境中性别的流动性思想。

第三节 同性恋还是异性恋？

伟同是同性恋还是异性恋？李安对伟同的形象塑造模糊了两者之间的绝对界限，展现出一种性别流动的观点。哈里·布罗德（Harry Brod）指出，"在美国文化里，异性恋和同性恋不是水平方向上的连续体（two ends of a horizontal sexual continuum），而是垂直方向上性别等级的两个极端（top and bottom of a vertical sexual hierarchy），同性恋是位于性别最底层的"②，"如果你不是直的（straight），就一定是弯的（gay）"③。笔者认为，李安通过伟同性取向的模糊化和流动性打破了这种非直即弯的二元对立。

---

① Vitiello Giovanni, *Libertine's Friend: Homosexuality and Masculinity in Late Imperial China*, Chicago: University of Chicago Press, 2011, p. 12.

② Brod Harry, "They're Bi Shepherds, Not Gay Cowboys: The Misframing of Brokeback Mountain", *The Journal of Men's Studies*, 2006, p. 252.

③ Brod Harry, "They're Bi Shepherds, Not Gay Cowboys: The Misframing of Brokeback Mountain", *The Journal of Men's Studies*, 2006, p. 253.

第三章 颠覆与重构:《喜宴》中的男性气质解读

首先,伟同的同性恋身份在影片中的展示相对模糊。和赛门不同,伟同并没有"出柜"(come out of the closet),没有对外公开自己的同性恋身份,或者加入任何同性群体。影片中有一幕,赛门和其他同性恋友人在街上发传单,黑色海报上的粉红色三角形和白色字体写着:沉默=死亡。号召同性恋公布自己的性别身份,共同反对歧视。此时镜头一转:伟同驾驶着奔驰车停在路边载上赛门,绝尘而去。显然,伟同对于赛门热衷加入的同性群体并不在意,而事实上,除了告知高母和赛门,其他人并不知道伟同的同性恋身份。是不是不"出柜"就一定意味着对恐同主义的认可?同性恋是否有权利保留自己的个体身份,将其视为个人化的选择而不是一个社会问题?这也是否暗示李安对同性恋的态度与西方文化中的恐同症或者酷儿理论都保持相应的距离?事实上,与其他同性电影强调性和身体展示不同,影片中仅有一次伟同和赛门之间身体关系的展示,而且镜头十分克制隐晦。当两个人亲吻着上楼时,镜头并没有跟进,而是停留在楼下,之后通过不断切换房间装饰的特写镜头,避免了对同性性行为的直接展示。甚至影片会通过拉远镜头,调低照明等方式避免对伟同男性身体的直接展示,从而避免将其身体客体化。笔者之前提到赛门和威威的身体在影片中都曾被直接暴露在观众的面前,但是对伟同身体的展示却仅限于影片开头对其结实肌肉和阳刚身体的特写。穆尔维指出,"在主流意识形态中,男性角色不会被客体化,沦为和女性一样被他者审视的客体"[1]。影片对伟同身体的展示是男性化、主体化的,不同于对赛门和威威的身体处理,也是在这一层面上,电影的镜头语言弱化了伟同的同性恋身份。

其次,不同于赛门在行为举止上表现出来的显著同性恋女性化特征,影片中的伟同是一个颇具阳刚之气的"直男"。活跃在影片镜头下的常常是伟同身穿军装的飒爽照片,对其男性气质进行的刻意展演;抑或是健

---

[1] Mulvey Laura,"Visual Pleasure and Narrative Cinema", Leo Braudy and Marshall Cohen eds., *Film Theory and Criticism*: *Introductory Readings*, New York: Oxford University Press, 1999, p. 838.

跨文化空间里的男性气质互动

身房里结实强壮的肌肉和挥汗如雨的身体；或是生意场上成功的地产商人。伟同的阳刚之气让威威曾一度怀疑其并不是同性恋。当伟同和高母介绍的相亲对象吴小姐在威威工作的餐厅吃饭时，威威十分嫉妒，认为自己终于揭穿了伟同并不是同性恋的真相。她大声朝伟同吼道："你告诉我你是同性恋，我竟然相信了你！"尽管威威随后意识到自己误会了伟同并向其道歉，但是她对伟同同性恋身份的怀疑并没有完全消失。因此在与其假结婚的当夜，威威挑逗起伟同的性欲，并喊出了极具争议性的一句："我要解放你！"惠特尼·迪利（Whitney Dilley）认为这是威威在试图"正常化"（normalize）伟同，以实现自己和伟同"正常"结合的目的。[1] 不过，我们同样也可以将此解读成威威正试图将伟同从"非直即弯"的西方性别范式中解放出来。事实上，伟同和威威的性关系以及致其怀孕，让他的性别身份更加模糊和复杂起来。这一行为直接完成了中国儒家传统里对男性身份的要求，同时也并不妨碍他继续和赛门之间的同性关系。以至于有西方学者提问：他是同性恋，还是异性恋？[2] 这个问题表明西方文化下非直即弯的二分法并不适用于伟同，他打破了同性恋和异性恋之间的二元对立，展现出性别身份中的复杂性和流动性。

性别身份的操演性在伟同身上得到了充分的展示，打破了本质主义的性别观点。影片中有一幕非常耐人寻味：伟同和赛门两个人在得知高父母要来曼哈顿后，他们重新装饰房间，努力营造出异性恋的生活空间。镜头对一系列具有同性恋所指的物件进行了特写，比如穿着暴露的肯尼玩偶等被中国的书法卷轴所替代，用伟同身穿军装的个人照片换下两个人的亲密合照等。影片中的中国婚宴本身也是伟同的异性恋表演，以确立他在中国文化中的男性身份。在《性别麻烦》（Gender Trouble）中，巴特勒认为，"性别是长时间行为风格化的产物，并非一成不变。通过不同

---

[1] Dilley Whitney Crothers, *The Cinema of Ang Lee: The Other Side of the Screen*, London: Wallflowers Press, 2007, p. 66.

[2] Dariotis Wei Ming and Eilleen Fung, "Breaking the Soy Sauce Jar: Diaspora and Displacement in the Films of Ang Lee", Sheldon Hsiao-peng Lu eds., *Transnational Chinese Cinemas: Identity, Nationhood, Gender*, Honolulu: University of Hawaii Press, 1997, p. 205.

行为的不断重复,便有可能打破或者颠覆这种风格,也就是改变性别"①。影片中对两个人将房间风格从同性恋改变成为异性恋环境的过程,是性别操演和改变机制的最好展示,性别身份也正是在操演过程中变得不稳定和可以被打破。因此,伟同的性别身份正是在这样的过程中显现出流动和不稳定。通过模糊伟同同性恋和异性恋的身份界限,李安颠覆了西方文化男性气质建构中的异性恋霸权,引入中国儒家伦理中的性别观念,进一步探讨伟同男性气质重构的复杂性。

第四节 儒家传统伦理中的男性气质重构

伟同的性别身份在跨文化空间变得模糊,仅仅用西方性别范式和男性气质理论无法揭示其男性身份的复杂性,笔者认为建立在人际关系基础上的儒家伦理关系,是理解影片中男性气质重构的关键。不同于西方性别范式中对于个体男性气质身份的强调,在儒家文化传统中,男性气质是在人伦关系中得以建构的。儒家传统建立了一系列人伦规范,称为"五伦":君臣、父子、夫妇、兄弟和朋友。在这五种关系中,父子关系是所有伦理关系最重要的部分,也是构建理想男性气质的关键,中国传统文化下的男性气质与父职身份是不可分割的。

高父和伟同的男性气质首先是通过儒家传统伦理下的父子关系得以建构的。高父是中国传统文化男性气质的代表,他的身上既体现着文武兼备的中国男性气质文化传统,也体现着父子关系伦理中父亲作为一家之主的权威、智慧、宽容和处理家庭危机的才能。他很早就洞悉了事情的真相,但是为了维护家庭的和谐一直佯装不知,私下找到赛门谈话,表达了对他的接纳。尽管他望孙心切,但是他不曾有过家长式的专断,而是充分尊重威威的意见,在得知威威想保留孩子之后,他对她表示出

---

① Butler Judith, *Gender Trouble: Feminism and the Subversion of Identity*, New York: Routledge, 1990, p. 271.

极大的感激:"我们整个高家欠你的。"李安对高父的描绘挑战了西方主流文化中对于中国父亲顽固不化,高高在上的偏见,表现出更多的温情和理解。儒家伦理在影片中虽然体现出对个体压抑的一面,但是却在解决父子冲突和保持家庭和谐关系方面展现出积极意义。

伟同向父亲保守秘密,是为了维护父亲的权威,秉持父子关系中最重要的原则——孝顺。儒家传统伦理中以孝顺为核心的父子关系中父亲是占主导地位的(父为子纲),儿子应该以父亲的需求为先,对父亲表现出尊重和顺从。布雷特·希恩斯赫(Bred Hinsch)指出,在很多文化,尤其是西方文化中,男性是通过强调独立于父母而宣称成年进而建构男性身份的,但中国男性则强调在和父母的关系中通过抑制自身独立的欲望以体现出男性坚强的意志进而彰显其男性气概。[1]影片中伟同在父子关系中对个体性别身份自由的抑制正展示出儒家理想男性的孝顺和对家庭责任的担当。影片用镜头语言一再强调父亲日渐憔悴的身体,这一方面是对跨文化空间里不断松动的中国传统父权制的隐喻,另一方面则激发儿子伟同对于高父的同情和理解。影片开头就通过高母劝服儿子,说明父亲年事已高,身体不如从前;随后影片中有一幕是父亲被发现在房间打瞌睡,而儿子以为父亲过世。高角度镜头下虚弱的父亲和低角度镜头里强壮的儿子形成鲜明对比。伟同弯下身,放手指到父亲鼻下试探气息,镜头给父亲面容的特写突出了他的年迈和虚弱。事实上,每当父子关系出现矛盾时,父亲的身体就会变得愈加糟糕,从而"避免"了父子矛盾的激化。这是导演李安在跨文化空间对中国父亲的怀旧,还是其对儒家伦理下的父子关系在当代价值的反思?高父的形象激发起观众对这位中国父亲,乃至中国儒家传统伦理的理解、同情和尊敬。

夫妇/男女关系也是儒家伦理中重要的人伦关系。在儒家传统伦理下,女性地位低下,要求遵守三从四德:在家从父,出嫁从夫,夫死从子。"妇女"身份往往以女性的生殖能力和在传宗接代中扮演的角色来定

---

[1] Hinsch Bred, *Masculinities in Chinese History*, Lanham, Maryland: Rowman & Littlefield Publishers, Inc., 2013, p. 8.

第三章 颠覆与重构:《喜宴》中的男性气质解读

义"女""妇""母"三种不同的身份。①因此,前现代语境下的中国男性气质构建中并不存在男女二元对立。在影片《喜宴》中,李安塑造了一个不同于传统儒家伦理下的女性形象威威,成为伟同男性气概构建的关键。

威威来自中国大陆,她思想开放,接受过良好的教育。影片中对其不俗的书法品位和绘画天赋都有强调,她的名字"威威",在汉语中意思是力量、威武和雄壮,与柔弱顺从的传统女性特质相去甚远。威威是一个坚强、勇敢、直率和野心勃勃的人。从她与伟同第一次见面时候的有意挑逗,到新婚之夜对伟同近乎"强暴"的主动行为都彰显出她并非顺从被动的女性。②影片中通过镜头语言多次强调威威较强的女性自我意识。在威威和伟同一起在机场迎接高父母的到来时,威威双手叉腰,站姿随意,用手肘不时推伟同,表达自己的紧张不安。当高父母到来,她则迅速改变自己的站姿,并拢双腿,并散开头发。这有趣的改变显示出威威深谙如何按照中国传统打造自己的女性形象,但她并没有将之内化压抑自我。影片最后留下孩子的决定,导演李安也有意强调这是威威女性自觉的表现。威威怀孕之后本打算打掉孩子,在去医院的路上,她坚持要吃一个汉堡包,并让伟同去买。在伟同离开之后,她一个人作出了留下孩子的决定。当伟同试图劝服威威放弃这个孩子,认为这将是一个很大的负担,威威坚定地表示即使伟同不愿意,她自己也会独立抚养这个孩子。与美国主流文化中被"拯救"的中国女性不同,威威展现出中国传统文化中女勇士的那一面。

但是令人深思的是,男性导演李安通过威威的自主意识留下了这个孩子,却有意遮掩了跨文化空间里女性在性别和资本主义双重压迫下的别无选择和自我客体化的事实。威威的经历揭露了第三世界女性在种族、

---

① Barlow Tani E., "Theorizing Women: Chinese Women, Chinese State, Chinese Family", *Genders*, 1996, p. 133.

② Dariotis Wei Ming, and Eileen Fung, "Breaking the Soy Sauce Jar: Diaspora and Displacement in the Films of Ang Lee", Sheldon Hsiao-peng Lu ed., *Transnational Chinese Cinemas: Identity, Nationhood, Gender*, Honolulu: University of Hawaii Press, 1997, p. 133.

性别以及资本等多重剥削下的尴尬处境。我们感兴趣的并不是威威作出留下孩子的决定，而是影响这个决定背后复杂的系统。通过交叉性（intersectionality）的视角，我们得以窥见性别、种族和阶级关系等因素是如何被嵌入到所有权、劳动力的商品化和资源的分配等社会过程中，进而影响威威的决定的。威威是一位来自中国上海的穷画家，她的非法移民身份时刻存在被遣返的危险。她住在一个条件简陋、设施破旧的房子里，没有任何来自父母和朋友的经济援助，只能通过画画和到餐厅端盘子养活自己。而与她形成鲜明对比的伟同，却来自富裕的中国台湾家庭，在美国接受了良好的教育，自己开公司，是一个成功的地产商人。伟同优渥的条件一开始便吸引了威威的注意，随后为了获得绿卡和改善生存条件，威威很快接受了赛门的提议和伟同假结婚。威威一直希望"弄假成真"，因此在新婚之夜挑逗伟同发生关系，成为其性欲的客体。威威的这种自我客体化是第三世界女性在资本主义重压之下走投无路的选择。资本的跨国父权制的巩固，从根本上依赖于妇女和劳动者的从属关系，而妇女与劳动的融合，则使女性沦为劳动本身。[1]

我们不难发现，伟同男性气质的确定正是建立在对威威孕育分娩劳动的剥削之上，有效解决了其同性恋身份和家庭孝道之间的矛盾。同时，威威则在这个过程中被驯化和压制。影片通过镜头语言迫不及待地将其定义成高家的儿媳，暗示其与高母一样会成为传统的妻子和母亲。高母新婚时的旗袍正好威威可以穿上；当赛门在市政厅前给全家拍照时，相机刻意模拟传统的对焦模式，将高母的头和威威的身体对接；高母劝服威威："女人终究是女人，丈夫和孩子都是我们最重要的。"史书美（Shih Shu-mei）指出，当后殖民历史成为性别语篇，民族主义便与父权制和男性气概产生共谋，通过压制民族内的女性或者和殖民男性进行竞

---

[1] Chiang Mark, "Coming out into the Global System: Postmodern Patriarchies and Transnational Sexualities in The Wedding Banquet", David L. Eng and Alice Y. Hom eds., *Q&A: Queer in Asian America*. Philadelphia: Temple University Press, 1998, p. 383.

争。①尽管导演李安在儒家伦理中试图重构华裔男性伟同的男性气概,并以此批判西方中心论和殖民主义话语,但却依然与父权制产生了共谋,造成了对威威的压迫和牺牲。

李安对威威女性自觉意识和主体身份的强调打破了东方主义想象中华裔女性被动、顺从的刻板印象。但是作为男性导演,他最后不自觉地牺牲了威威的女性主体身份以重构后殖民语境中华裔男性伟同的男性气质。这表明跨文化空间里男性气质身份的重构往往涉及复杂的权力关系协商,很可能是建立在本民族女性的从属和牺牲之上的。

第五节 "跨不同"视野下对跨文化男性气质重构的反思

"跨不同"理论对于分析跨文化空间伟同模糊的男性身份很有启发意义,因为正是他身处环境中充满矛盾冲突的文化、社会、政治等多种因素最后形塑了他的男性气质样态,展现了男性气质身份构建中的复杂性。对于个体而言,"'跨不同'经历既可能阻碍统一、连续和完整身份的构建,也有可能帮助个体超越自我和他者的二元对立,在裂隙中构建新的'中间身份'"②。伟同处于矛盾关系的中心,他是拥有同性爱人的理想男性,既完成了儒家伦理家庭责任,又实现了充分的个体自由。其男性气质身份建构是对同性恋与异性恋、儒家责任伦理与个人自由主义、男性气质与女性气质、白人与非白人二分法的质疑和挑战。简单将其所处的环境理解成自由美国社会和压制的中国家庭伦理显然是忽略了文化差异和跨文化互动对个体主体性带来的复杂影响。导演李安对伟同的描绘揭示了个体男性气质的多元性和复杂性,体现了"一个破坏掉二元对立

---

① Shih Shu-mei, *Visuality and Identity: Sinophone Articulations across the Pacific*, Berkeley: University of California Press, 2007, p. 46.
② Breinig Helmbrecht and Klaus Lösch, "Transdifference", *Journal of the Study of British Cultures*, 2006, p. 116.

结构之后错综复杂的第四体系"①。他是同性恋还是异性恋？是美国人还是中国人？是阳刚还是阴柔？是中心还是边缘？

从"跨不同"视角看，这些不同甚至矛盾的特质共同在跨文化空间产生了多元对话，伟同的男性身份正是在矛盾的"间隙"中重构的，打破了身份政治中简单的二元对立结构，揭示了复杂性。因此，我们需要一种超越了二元对立的性别和男性气质观念来看待伟同的男性身份。在中国前现代时期的双性性别视角下，我们容易理解伟同矛盾中构建的男性气质。他是拥有同性爱人的理想男性，既完成了儒家伦理家庭责任，又实现了充分的个体自由。然而，伟同毕竟不是生活在古代中国，他的男性气质的最终确立是建立在华人女性威威的牺牲之上的。

对跨文化空间伟同男性气质的重构需要深入探究其中隐而不现的权力关系。"'跨不同'经历是否可以帮助个体实现解放取决于个体的力量以及其他多种超越了个体控制之外的因素，比如经济、政治、社会等。"② 伟同最后的个体自由和解放很大程度上依赖于他拥有的社会经济实力，可以通过美国绿卡和金钱"购买"威威的女性孕育劳动。影片用威威主动选择留下孩子的事实掩盖了伟同和威威之间的社会地位和经济实力的悬殊，以此稳固伟同在跨文化空间的男性气质重构。但是正如大卫·安指出，伟同的位置（作为资本的主体）得以实现是通过对离散的第三世界女性（作为资本的客体）的支配而实现的，他的解放要求威威不能将这个孩子流产。③ 因此，伟同的男性主体重构必须充分考虑跨文化空间的多种权力关系，尤其是需要关注女性在男性个体实现自由过程中所付出的代价和牺牲。

---

① Breinig Helmbrecht and Klaus Lösch, "Transdifference", *Journal of the Study of British Cultures*, 2006, p. 113.

② Breinig Helmbrecht and Klaus Lösch, "Transdifference", *Journal of the Study of British Cultures*, 2006, p. 119.

③ Eng David L., *Racial Castration: Managing Masculinity in Asian America*, Durham: Duke University Press, 2001, p. 223.

第三章　颠覆与重构：《喜宴》中的男性气质解读

小　结

在《喜宴》中，导演李安讽刺了美国主流文化男性气质建构中的白人中心主义，刻意在同性关系中套用异性恋模式塑造了颇具阳刚之气的华裔男性伟同和阴柔女性化的白人男性赛门，以颠覆中西方之间的权力逻辑。影片以中国文化视角探讨了同性恋与中国儒家家庭传宗接代传统之间的冲突，这种展现帮助西方观众建立了一种以跨文化角度对同性恋问题的审视，跳出了西方的恐同主义，打破了对美国自由乌托邦的想象。美国社会远不是个体性别自由的乌托邦，中国传统也并非只有压抑个体自由的一面。尤其重要的是，伟同在跨文化空间里性取向的模糊化和流动性挑战了西方异性恋性别霸权，这种流动的性别观点超越了性倾向、种族和文化，展示了跨文化空间里男性气质的复杂性以及互动交流的可能性。李安通过塑造高父在儒家伦理中的男性气质和父亲形象，展现出中国儒家伦理在性别建构意义上可能具有的积极价值。

第四章 从"美国牛仔"到"中国君子"：《断背山》中的男性气质解读

李安导演的《断背山》根据普利策得主安妮·普洛克1997年的小说改编而成。故事发生在1963年，美国怀俄明州的断背山下，两位年轻的牛仔杰克和恩尼斯一起给牧场打工牧羊，高山牧场的工作单调而艰苦，空虚寂寞下两个年轻人彼此相爱了，他们度过了人生中最美好的一段夏日时光。之后，两个人各自回到自己的生活，结婚生子，但他们都无法忘却对方。四年后，饱受相思之苦的杰克和恩尼斯重逢，杰克提出与恩尼斯远离尘世，两人一起生活，但是恩尼斯拒绝了。随后的十几年中，两人都定期在断背山约会钓鱼。但是在美国社会巨大的偏见和世俗压力下，他们始终无法冲破樊篱共同生活。杰克意外死后，恩尼斯第一次到杰克父母的农场，想把他的骨灰带到断背山。在杰克的房间，他发现了两件套在一起的沾血的衬衣，意识到杰克对他深刻的感情。影片最后，恩尼斯站在挂着两人衬衣的衣柜前，含泪起誓。

影片开头是全景镜头下的远山薄暮，伴随着呼呼的风声，几乎静止的镜头仿佛是一幅远山的风景画。随后一辆货车驶入画面，镜头追随其沿着渺无人烟的道路来到山脚。不时拉远的长镜头下，货车在怀俄明州巍峨的地理景观下显得微不足道。缓慢的吉他音乐间断响起，点缀在呼呼的风声中。随着货车驶近的中景镜头，恩尼斯从车上跳下来，然后朝旁边的木屋走去。之后切换的画面里，恩尼斯沉默地站在屋外，此时杰克的轿车很快抵达。分开镜头下的两个人都沉默不语，只能听到风声和

第四章 从"美国牛仔"到"中国君子":《断背山》中的男性气质解读

远处不时响起的汽车马达声。雄伟壮观的怀俄明州大山、微弱间断的音乐、人物的刻意沉默凸显出自然的宏伟壮观和永恒不朽,让观众在崇高的自然面前油然而生一股孤独无力感。贯穿其中的风声似乎从遥远的过去而来,到了现在又吹向未来,营造了人们对无限宇宙的想象和与未来的联结。

这部电影曾一度引起学术界和非学术界的广泛讨论和极大争议。一些学者称赞它是一部具有历史意义的"同性恋西部电影"(gay western),[1] 改变了观众对西部片的认知。另外一些人则对其是否真的挑战了主流文化对于同性恋的书写表示怀疑,甚至有影评人称其是"给保守基督徒的圣诞礼物"[2]。这些评论主要针对影片所展示的同性恋主题或赞美或批判,采取的是明显的西方文化视角。影评人金·瑞恩(Ryan James Kim)宣称:"到影片最后,我们认为勇于表达的杰克是勇敢的,沉默的恩尼斯是懦弱的。"[3] 很明显,他所说的"我们"仅仅只是西方观众而已。在中国学术界,更多学者倾向于从爱情、人性悲剧等角度对影片中的中国文化内核加以阐释。在笔者看来,无论是仅从西方性别视角还是仅从中国文化视角对影片的解读都不足以穷尽导演李安对杰克和恩尼斯的人物刻画。本书从西方性别和儒家伦理两种视角对影片中杰克和恩尼斯的男性气质进行解读,更为重要的是,尝试分析两种解读在跨文化空间的碰撞和交流之下产生的新意义。笔者认为,导演李安极力强调杰克和恩尼斯作为美国牛仔的阳刚之气,一方面打破了主流文化对同性恋男性的刻板印象,另一方面揭露了美国社会的恐同症。此外,本书认为李安对恩尼斯的刻画糅合进了儒家伦理中的"君子"理想,体现了对自我欲望的克制和对家庭社会责任的担当。因此,李安实际是采用跨文化视角重新审视了故事中的男性形象和男性气概,影片《断背山》也因

---

[1] Dilley Whitney Crothers, *The Cinema of Ang Lee: The Other Side of the Screen*, London: Wallflower Press, 2007, p. 162.

[2] Cobb Michael L., "God Hates Cowboys (Kind of)", *GLQ: A Journal of Lesbian and Gay Studies*, 2007, 102.

[3] Ryan James Kim, "Not a Gay Movie", *Advocate*, 2005.

此成为一个两种文化下的男性气质碰撞和交流的跨文化空间。

第一节 美国牛仔男性气概的祛魅

在美国历史上，许多男性形象都从一定程度上满足了人们对于男性阳刚之气的想象，如猎牛者、攀登者、淘金人等。但是只有牛仔形象（cowboy）成为民间英雄，成为美国理想男性气质无可争议的代言人。"牛仔——西部大草原上的牧羊人——是马背上的故宫，长年与牛群和马匹为伍，风餐露宿，浪迹天涯。但他狂放不羁的性格，嫉恶如仇的品质和过人的胆识，特别能引起居住在城市中的人们的赞扬和钦佩。"① 人们期待西部牛仔可以重振被文明逐渐侵蚀的阳刚之气，确立盎格鲁—撒克逊的文化和身体统治，欢呼野外身体冒险，以民族主义的名义将暴力行为合法化。② 简言之，牛仔作为美国文化中个人英雄主义的代名词，符合美国主流文化的设定，是美国霸权性男性气质的最佳典范。

对于对西部牛仔神话和这种男性气概理想坚信不疑的人来说，将牛仔和同性恋合为一体是不可容忍的。在美国历史上，同性恋一度被认为是一种罪恶和疾病。基梅尔指出，恐同症是定义美国男性气质的中心原则。③ 美国男性受此限制，每天的兴趣就是不断向自己的同伴，甚至向自己证明，他们不是娘娘腔，不是同性恋。④ 尽管同性恋运动在过去的几十年在美国社会产生了一定影响，部分改变了人们对于同性恋的刻板印象，恐同症依然占据着美国性别语篇和文化展现的中心位置。维托·鲁索

---

① 陈许：《西部小说研究》，北京大学出版社 2004 年版。

② Carroll Bret ed., *American Masculinities*: *A Historical Encyclopedia*, California: California State University, 2003, p. 115.

③ Kimmel Michael S., "Masculinity as Homophobia: Fear, Shame, and Silence in the Construction of Gender Identity", Harry Brod and Michael Kaufman eds., *Research on Men and Masculinities Series*: *Theorizing Masculinities*, Thousand Oaks, CA: SAGE publications, 1994, p. 142.

④ Gorer Geoffrey, *The American People*: *A Study in National Character*. New York: W. W. Norton, 1964, p. 129.

第四章 从"美国牛仔"到"中国君子":《断背山》中的男性气质解读

(Vito Russo)指出,在美国主流电影中,同性恋往往被认为是反常的。而同性恋男性往往不是滑稽的小丑形象就是穷凶极恶的恶棍。他呼吁大众电影和文化应该以真诚和尊重的心态重新刻画同性恋人物形象。[1] 然而随后的十几年这一现象并没有发生多大改变,美国电影荧屏上也没有出现让人耳目一新的同性恋形象,直到李安《断背山》的出现。虽然李安自己并不赞成把《断背山》归为同性恋电影。他说:"想创作出伟大的爱情,必须要有巨大的障碍,两位主人公身在美国西部,当地对男子气概及传统价值的推崇,让他们感受到的每一件事,都保持秘密,那是一种珍贵,他们无法言喻的特别事物。"[2] 但《断背山》确实打破了美国好莱坞电影中男同性恋的刻板形象,将杰克和恩尼斯作为粗犷的牛仔进行刻画,并极力强调他们的牛仔男性气概。

在《断背山》中,没有那种扭捏假造的敏感男性形象,没有夸张的服饰,没有娘娘腔,杰克和恩尼斯像男人一样走路,像男人一样打架,他们骑着马,扛着枪,一身西部牛仔的打扮,外表粗犷。影片中有一幕通过镜头语言强调了恩尼斯作为西部牛仔的暴力和勇猛。在音乐节上,两个嬉皮士在谈话中不时蹦出侮辱女性的言语,恩尼斯对此十分不爽,他提醒自己的妻子和女儿在场,让他们小声一些。但是嬉皮士显然并不把恩尼斯的话当一回事,他们更加肆无忌惮地挑衅,说话更加大声。恩尼斯将女儿交给妻子,径直走过去将两个人打倒在地。上升镜头里教训嬉皮士的恩尼斯格外高大威猛,静止的镜头里,恩尼斯高大的身后是上升绽放的烟花,近镜头里是嬉皮士的跪地求饶。这样的镜头无疑让观众复活了美国文化中观众对强壮、阳刚甚至暴力的西部牛仔的鲜活记忆。同时,杰克一辈子都在追求成为一名优秀的牛仔竞技选手。他对危险的牛仔竞技乐此不疲,希望可以满足父亲对自己的期待。当他的男性气概受到岳父无礼的对待和挑衅时,他奋起反击。在圣诞餐桌上,杰克和岳

---

[1] Russo Vito, *The Celluloid Closet: Homosexuality in the Movies*, New York: Harper and Row, 1981, p.248.
[2] 《李安专访:伟大的爱情必须有巨大的障碍》,见 http://ent.sina.com.cn/x/2005-09-12/1119838073.html,访问日期,2022年8月。

跨文化空间里的男性气质互动

父因为儿子波比继续看电视的问题而争吵起来。电影近镜头在两个男人之间转换，"像一个男人那样""男人就应该看足球比赛"，身为机械农场农场主的岳父明显对杰克的牛仔身份不屑一顾，希望用现代商业社会的男性气概标准教导自己的孙子。不想强硬的杰克怒斥岳父让其闭嘴，而随着电影镜头对妻子露西脸上露出的微笑和岳父的沉默的展现，杰克的男性气概在这场战斗中宣告了胜利。有学者指出，电影通过对杰克和恩尼斯牛仔男性气质的展演，《断背山》重新确立了美国传统男性气质的刻板印象。但是笔者却认为，恰恰相反，电影并不是对传统西部牛仔的颂歌，而是对美国牛仔男性气概神话进行了祛魅，杰克和恩尼斯作为西部牛仔的形象与美国主流文化中独裁式的霸权牛仔男性形象相去甚远。

虽然身为牛仔，杰克和恩尼斯却是身处社会底层，不断遭受冷遇的边缘性男性。他们都是来自农场的穷小子，缺少家庭、尤其是父亲的关怀。他们两个人都拥有成为牛仔英雄的梦想，但是都无法实现。两个人为生活所迫来到断背山牧羊，他们身上展现的不是牛仔的自由洒脱，而是贫穷的缩影。他们的理想是存钱买下一小块地，但是这对于他们来说是遥不可及的。他们打零工赚任何可以赚到的钱，只有牛仔的服饰和瘦弱的马匹让读者和观众依稀想起他们的牛仔身份。杰克的梦想是带着自己所爱的人"盖间小屋，好好整顿下这该死的农场"。但是这样的简单想法却被世俗所唾弃，被他的父亲所鄙视。在两个人各自成立自己的家庭之后，杰克和恩尼斯更是被沉重的家庭负担所束缚，远离了牛仔身份向往的自然和野外生活。影片中我们不断看到恩尼斯在处理家庭事务上的笨拙和力不从心。简陋破旧的房子里，不停哭喊吵闹的女儿让恩尼斯手足无措，他与妻子艾玛之间的性事也是应付差事。这与骑马自由奔跑在断背山上的恩尼斯形成了鲜明对比。杰克虽然与农场主的女儿露西结婚，过上了相对优渥的生活，但是和妻子之间逐渐冰冷的关系也在露西不断厚重的妆容和夸张的发型中展露无遗。杰克一直渴望像真正的牛仔那样过上自由自在、不受束缚的生活，他也曾不止一次地向恩尼斯提出他们一起租一个农场，但是讽刺的是，他同时也告知恩尼斯，租农场的钱他

第四章　从"美国牛仔"到"中国君子":《断背山》中的男性气质解读

寄希望于对自己不屑一顾的岳父。这一切都表明美国牛仔男性气概神话的空洞和虚假,揭露牛仔英雄气质与现实生活的严重错位。

　　李安对恩尼斯和杰克的描绘打破了美国主流文化对同性恋娘娘腔的刻板印象,但更重要的是影片通过同性恋文化与异性恋霸权文化的对抗,瓦解了牛仔作为霸权性男性气质建构中的异性恋霸权和恐同主义。恐同症给杰克和恩尼斯的人生带来了极大的伤害,恩尼斯面对杰克的感情显得胆小甚至懦弱,这其实是因为儿时人们对于同性恋的残暴做法让他无法抹去心中的阴影,患上了"恐同症"。在和杰克发生了第一次亲密关系之后,他急于澄清自己并不是同性恋。

　　　　恩尼斯:这只是一次意外事件。
　　　　杰克:这是我们之间的事。
　　　　恩尼斯:你知道我不是同性恋。
　　　　杰克:我也不是。

　　杰克和恩尼斯对话时都避免看向对方。杰克在对话中一直低着头,直到最后说完我也不是,才抬头望向恩尼斯。而与对杰克的面部时有特写不同,近镜头对恩尼斯只有对侧脸进行特写,避免正面展示他的面部表情,表明他对同性恋身份的拒绝——恩尼斯不愿意面对同性恋这个身份。此外,在秘密被妻子发现之后,恩尼斯和艾玛发生了激烈的争吵。在艾玛眼中,同性恋是肮脏的秘密。在愤怒和耻辱之下,他举起拳头威胁艾玛不能将这个秘密泄露出去。这充分说明恩尼斯内心对同性恋身份的自我厌恶和对同性性欲的害怕。与恩尼斯相比,杰克对自己同性恋的身份似乎"勇敢"一些,但这并不意味着杰克内心没有恐同的阴影。在被酒吧服务生发现同性恋身份并进行言语攻击后,杰克羞愧地离开了。这样的场景很难不让人相信杰克内心对同性恋身份的拒绝和害怕。更重要的是,恩尼斯小时候目睹的同性恋惨剧一直萦绕在影片中,渲染当时美国社会的恐同症。当恩尼斯还是一个小孩子的时候,他的父亲让他目睹了被人用轮胎砸死的厄尔的尸体,只因为他是同性恋。这恐怖的一幕始终铭刻在恩尼斯的脑海,并内化成他对同性恋深刻的恐惧和排斥。因此,当恩尼斯听到杰克的死讯时,首先唤起的便是他儿时惊恐的记忆,同时也暗示很可能杰克也遭受了相同的遭遇。影片对杰克的死讳莫如深,并没有直接交代,留给观众无限的猜测和想象。但是这一幕必然在观众头脑激起对同性恋悲剧的同情和怜悯,也是在这个意义上,李安通过展示恐同症本身,激发观众对恐同症的恐惧,从而起到了揭露恐同、颠覆恐同的效果。

简言之,电影中通过对杰克和恩尼斯牛仔形象的刻画打破了美国主流文化中具有英雄主义和霸权男性气质的牛仔神话。首先是两人底层边缘化的牛仔男性形象消弭了牛仔的英雄形象。其次是两人同性恋关系的设定颠覆了传统牛仔形象中的异性恋霸权。最后通过对恐同主义的揭露,进一步瓦解了牛仔形象中的性别政治和精神内涵。

第二节　超越性维度的同性关系

在颠覆恐同症的同时,李安也揭露了美国恐同主义的男性气质规范给男性情感和身心带来的伤害,阻碍了男性之间亲密关系的建立。影片弱化了杰克和恩尼斯的同性情欲,转而强调两人之间情感和精神的相互依赖,从而将影片主题从同性恋扩展为人类成员,尤其是男性之间普遍的情感需求。

影片注重刻画杰克和恩尼斯之间情感的步步推进。他们的第一次对话发生在两个人接受了牧羊工作后,并肩在酒吧喝酒。两个人敞开心扉,谈到了各自的成长经历。杰克的父亲顽固暴躁,对其十分严厉。杰克自幼在牛仔文化中长大,父亲是一名优秀的骑牛选手,也希望杰克能子承父业。杰克深受感染,一直极力希望通过牛仔竞技建立自身男性自尊,但始终无法满足父亲的期许。杰克真诚的讲述也打动了恩尼斯,一向沉默寡言的他也开口谈起了自己的父母在他早年时死于车祸,他不得不依

第四章 从"美国牛仔"到"中国君子":《断背山》中的男性气质解读

靠兄弟姐妹生活,在颠沛流离中成长。这样的对话强调两个人之间的关系首先来自彼此的理解与信任,淡化了同性情欲,试图引发观众的情感共鸣。之后,杰克和恩尼斯共同在山上牧羊,西部险峻的地貌特征及变化的气候对他们的意志和体能都是极大的考验。两个人在共同应对困难中进一步熟悉起来,慢慢发展出感情。影片中特意强调父亲形象对两个人的影响。杰克将作为骑牛选手的父亲视为偶像,一直努力学习牛仔竞技,却从来没有获得过父亲的认可和赞许。恩尼斯早年丧父,但是父亲权的威一直影响着他。正是父亲带着儿时的恩尼斯目睹同性恋厄尔的下场,给他留下了一生的阴影。两个人的父亲都严肃冷漠,对自己的儿子缺乏关爱和照顾。美国男性之间往往很难建立或者表达亲密关系,不管是罗曼史、同性情欲还是彼此的欣赏。[①] 李安通过强调杰克和恩尼斯早年生活经历中的孤独和疏远,为两个人的感情发展作铺垫,强调他们是因为孤独而非同性情欲走到了一起。

影片中的衬衣数次出现,是杰克和恩尼斯情感的象征物,强调两个人的精神和情感依恋。当杰克和恩尼斯结束在山上牧羊的工作即将分离时,恩尼斯提到他的衬衣落在了山上。电影镜头特写放大了杰克脸上的紧张不安,为之后衬衣的再度出现埋下了伏笔。两个人互道再见之后,恩尼斯起身离开,之后镜头跟随杰克上车,我们看到近镜头里的杰克盯着后视镜,一直目送恩尼斯远去的背影。随后画面切换到恩尼斯,拉长的电影镜头里是巍峨的断背山和明净的蓝天白云,但在镜头的阴影下,恩尼斯在呕吐和抽泣。这一系列镜头以无声的方式充分展现了两个人之间压抑着的深刻感情。在电影结尾处,这种无声的镜头语言再次将观众的情绪带到高潮。杰克死后,恩尼斯来到杰克的家乡拜访父母,进入杰克的房间。在柜子后面,恩尼斯看到了自己丢失的衬衣,以拥抱的姿势和杰克的衬衣挂在一起。镜头定格在恩尼斯紧紧握着杰克的衬衣亲吻的

[①] Ibson John, "Lessons Learned on Brokeback Mountain: Expanding the Possibilities of American Manhood", Jim Stay ed., *Reading Brokeback Mountain: Essays on the Story and the Film*, North Carolina: McFarland& Company, Inc., Publishers, 2007, p.189.

跨文化空间里的男性气质互动

一幕。这一幕激起了观众对两个人感情的巨大同情和惋惜，杰克和恩尼斯的同性关系也得到了每一个渴望建立亲密关系观众的共情和接受。

有学者指出将《断背山》看作一部爱情电影事实上是将杰克和恩尼斯锁在了令人窒息的同性恋橱柜（closet）中。① 但是笔者认为这种具有普适性的爱情故事不仅没有削弱电影对同性关系的再现，反而获得了更多观众对同性关系的理解和接纳。电影对同性爱情故事的成功讲述主要归功于导演李安东方式寓情于景的拍摄手法，使西部怀俄明州壮美秀丽的自然地理环境成为两个人情感的隐喻，弱化了对同性情欲和身体的展示。影片不时使用全景式镜头展现断背山静谧优美的自然风光，在西部崎岖的峭壁和山崖间，杰克和恩尼斯赶着羊群上下山，在马背上追逐嬉戏，穿过茂密的森林，走过崎岖的山路，趟过湍急的河流。断背山不断变化的四季与两个人的欢乐时光一起静静流走，地理和情感上的双重与世隔绝，使两个人感情日深。他们在蓝天白云下一边散步一边说话，西部草原的劲风吹在他们脸上，两个人的面容柔和美好。

自然风光不仅是两个人感情的外化，也是两人情感和命运的隐喻。在两人第一次发生性关系后，恩尼斯早起独自去山上看守羊群。长镜头下，恩尼斯在巍峨的断背山上骑马奔腾，之后远镜头将其和羊群，尤其是羊群中一只被狼咬死的羊放置在一起。随后电影镜头拉近，特写羊被狼吃掉内脏的惨烈。一方面暗示牧羊人渎职而让羊成了牺牲品，另一方面也侧面烘托恩尼斯内心的羞愧、自责和内疚。另一边长镜头下，杰克裸露着身体在溪边洗澡，画面里是波光闪闪的溪流、矗立的小木屋和静谧的羊群。安静祥和的画面暗示了杰克内心的满足和对两人关系的美好期待。但是很快，缓慢低沉的音乐响起，镜头逐步定格在暮霭中的断背山，暗示两个人的快乐即将消逝，等待他们的可能是命运的悲剧。

影片对杰克和恩尼斯同性关系的展示隐晦克制，最大限度地弱化和

---

① 详细可参阅门德尔松（Deniel Mendelsohn）和舒马斯（James Schumas）在《纽约评论》上对电影展开的辩论，http：//www.nybooks.com/articles/2006/04/06/brokeback-mountain-an-exchange/，访问日期：2022年8月。

第四章 从"美国牛仔"到"中国君子":《断背山》中的男性气质解读

避免展露两个人的身体场面。当恩尼斯和杰克自断背山分开四年后重聚,压抑已久的感情宣泄而出,两个人紧紧地抱在一起。电影镜头采用恩尼斯妻子艾玛的俯视视角拍摄,将长镜头下两人亲吻的画面和艾玛震惊的脸部特写穿插,一方面避免了对两个人亲密行为的过度展示,另一方面也有效纾解了观众可能因同情艾玛而对两人产生的反感。影片中直接描写两人同性性行为的镜头仅有一次。长镜头下,杰克在帐篷里脱掉衣服,恩尼斯坐在燃烧的火堆旁边。然后恩尼斯起身,镜头随之切换到杰克半裸的上身,恩尼斯进入帐篷。镜头特写杰克的脸慢慢接近、亲吻恩尼斯。这种对两个男性之间的亲密举动的展示可能足以让患有恐同症的观众从座位惊起,但是克制的镜头展示却不足以引起大部分观众的反感。随着舒缓的吉他音乐声的响起,镜头逐步移向两个人的面部,营造了一种温暖和浪漫的氛围。

因此,《断背山》更像是一部爱情电影,描绘两个人因为孤独而陷入爱情中,很大程度上弱化了同性恋可能带给观众的视觉和心理冲击。这种独特的展现方式以一种润物细无声的方式为同性关系争取了最大的被观众接纳的空间。影片因此跳出了同性电影的窠臼,在更高层次上强调了人类,尤其是男性世界的孤独和对亲密关系的渴求。在这个意义上,李安对人物男性气质的建构便跳出了西方性别规范中的异性恋霸权,从男性同性关系角度重新审视男性气质和性别内涵。而这种对同性关系的强调与中国儒家伦理中"君子"男性气质的建构有很密切的关系。

第三节 "懦夫"还是"君子"?恩尼斯的男性气质再审视

《断背山》在西方评论界曾经引发广泛而激烈的讨论,评论者对杰克和恩尼斯两人有截然不同的评价。比如影评人金·瑞恩(Ryan James Kim)就曾宣称:"到影片最后,我们认为勇于表达的杰克是勇敢的,沉默的恩尼斯是懦弱的。"① 但是很明显这种论断只能代表部分西方学者的观点,在中国文化尤其是儒家文化视角下,我们很可能会得出截然不同的结论。笔者认为,深受儒家文化熏陶的李安在刻画恩尼斯这一美国牛仔男性形象时注入了儒家的君子男性气质理想,从而使跨文化语境下恩尼斯的男性气质更加丰富和复杂。

儒家学说是中华文化的内在核心,儒家倡导的君子人格是代表中华民族文化个性的载体。杨伯峻先生在《论语注释》中统计,《论语》中有关"君子"的概念出现了107次。② 在儒家思想下,君子既是个体身负儒家使命的标志,也是每一个儒家个体不断完善自己的奋斗目标——男性气质的理想形态。

第一,儒家思想下的男性气概并不是一个属性的概念。有学者指出,中国前现代社会中并不存在西方文化中普遍认可的男/女区别作为性别象征系统的中心组织原则。在中国性别象征系统中,更重要的原则是道德和社会层面,而并非与性别相关。③ 巴洛(Tani Barlow)指出,所谓"妇女"这一身份类别在古代中国其实并不存在,人们是以女性的生殖能力和在传宗接代中扮演的角色如"女""妇""母"等来定义其身份和地位的。④ 事实上,儒家社会中男性同样也是根据其在权力关系、家庭和社会中变化的位置用"士""夫""父"等角色来定义其身份的,尽管他们在任何角色中都比女性享受更多的权力。中国前现代男性气质研究学者宋耕指出,儒家性别观念强调的是权力关系和在社会政治中不断变化的位置,而不是生理上的男女。⑤ 尽管男性在儒家伦理语境下比女性地位更高,但是他们依然是"性别中立"(ungendered)或者是"无性欲"(desexualized)的。在这个意义上,儒家视野下的君子内涵和西方文化下以

---

① Ryan James Kim, "Not a Gay Movie", *Advocate*, 2005.
② 杨伯峻:《论语注译》,中华书局1980年版。
③ Brownell Susan and Jeffrey N. Wasserstorm, *Chinese Femininities/Chinese Masculinities: A Reader*, Berkeley and Los Angeles: University of California Press, 2002, p. 26.
④ Barlow Tani E., "Theorizing Woman: Funü, Guojia, Jiating", *Genders*, 1991, p. 133.
⑤ Song Geng, *The Fragile Scholar: Power and Masculinity in Chinese Culture*, Hong Kong: Hong Kong University Press, 2004, p. 13.

第四章　从"美国牛仔"到"中国君子":《断背山》中的男性气质解读

性别属性,尤其是性倾向(sexual orientation)为判断标准的男性气质内涵截然不同。

第二,儒家视野下的男性气质不仅不排斥同性关系,而且君子男性气质往往是在男性同性社交中确立的。黄卫总(Martin Huang)指出,在中国古代男性同性关系是男性特权,也是彰显阳刚之气和英雄气概的一种策略。因为英雄豪杰往往交友广阔,证明其能力突出能够出乡远游,广结善缘。而女性则被禁锢在家庭之中,没有这样的机会。[1] 不仅如此,男性友谊更是检验男性气概的重要标准,只有代表男性气质理想的君子之间才能建立起真正的友谊。君子讲求"忠""义""礼""智""信"等道德规范,同性之间是否存在情欲关系并不会对其男性气质构成威胁。因为在20世纪以前的中国,并没有现代意义上第三性别和同性恋的说法。[2] 比如雷金庆就曾撰文分析《三国演义》中英雄关羽和刘备、张飞的关系,并指出男性同性之间自然亲密的关系是被人们广泛接受的。男人之间的同性之爱,不管是涉及性的还是其他的,都是唯一高尚的情感,而异性恋反而只是一种"消遣"。[3]

第三,尽管儒家伦理并不排斥同性关系中的同性情欲,但是这并不意味着其对同性情欲的赞同。儒家伦理强调禁欲,节制欲望,这对君子男性气质理想提出了更高的要求。君子要"克己复礼",根据社会规范克制自己的欲望,无论是对同性的还是对异性的情欲都应该克制。儒家伦理认为过度的欲望满足会损害他人的利益,最终破坏平衡,影响社会的和谐。因此,君子要求克服自身欲望,承担家庭和社会职责。

儒家伦理下的男性同性关系和君子形象能够帮助我们更好地理解李安对杰克和恩尼斯关系的描绘。影片中两人没有抛弃各自的家庭生活在一起,除了碍于社会对同性恋的偏见和惩罚,更主要的原因是恩尼斯拒绝了杰克共同生活的建议,在物质贫乏生活拮据的情况下坚持承担作为

---

[1] Huang Martin, "Male Friendship in Ming China: An Introduction", *Nan Nü*, 2007, pp. 5-6.
[2] Huang Martin, "Male Friendship in Ming China: An Introduction", *Nan Nü*, 2007, p. 15.
[3] Louie, Kam, Theorising Chinese Masculinity: Society and Gender in China, Cambridge: Cambridge University Press, 2002, p. 35.

跨文化空间里的男性气质互动

丈夫，尤其是父亲的家庭责任，通过不断打零工供养两个女儿长大。恩尼斯可能不是一个温情的恋人，但是他却是一个好朋友、好丈夫和好父亲。影片中虽然杰克和恩尼斯确实存在同性性行为，但是笔者前面已经分析指出导演李安对杰克和恩尼斯之间的关系刻画更多强调情感和精神的相互依赖，极大地弱化了情欲关系。黄卫总（Martin Huang）特别指出，中国前现代社会的断袖关系表现为严格的权力层级关系：在绝大部分情况下，男性之间的性关系会导致两人权力的不平等，或者加深已经存在的不平等，复制异性恋关系中的男女不平等。因为在性关系中被贯穿的男性几乎等同于女性。① 这表明古代中国同性社交中尽管可能存在性行为，但是这种包含了性维度的同性关系因为涉及权力不平等，从而与男性友谊拉开了差距。这一点对我们进一步发掘李安对杰克和恩尼斯关系的描绘也很有帮助。

这样看来杰克和恩尼斯更像是男性同性社交中的朋友而并非权力不平等的同性恋。笔者对两人关系的探讨也不同于其他评论者聚焦其同性恋身份，而是转而分析两人之间关系的丰富性和复杂性。首先，恩尼斯在与杰克的关系中表现出儒家君子之交中强调的忠贞和诚信。不少观众和评论家认为杰克在两个人关系中更加勇敢和执着，付出更多，却忽略了恩尼斯一直以自己的方式默默守护他和杰克之间的感情。影片中观众看到杰克一次次长途跋涉开车去见恩尼斯，但其实恩尼斯为了和杰克见面宁愿在乡村忍受贫苦的生活。妻子艾玛曾多次提出他们应该搬去城里生活，但是恩尼斯找借口拒绝了。原因在于恩尼斯害怕失去和杰克之间的联系，乡村生活更方便两个人的约会。此外，当杰克借口因为在二人关系中受挫而到墨西哥贫民窟找同性恋伙伴发泄欲望时，恩尼斯正努力挣钱照顾两个女儿承担父亲的责任。他一直保持着对杰克的忠诚，甚至在离婚后拒绝了美女卡西的主动求爱。这样的对比凸显了恩尼斯对家庭责任的担当和对杰克感情的忠贞，让人肃然起敬，其人物形象也更加丰满。其次，恩尼斯对杰克的尊重和爱护体现了儒家伦理对待朋友的最高

---

① Huang Martin, "Male Friendship in Ming China: An Introduction", *Nan Nü*, 2007, p. 25.

第四章 从"美国牛仔"到"中国君子":《断背山》中的男性气质解读

境界:"朋友死,无所归,曰:'于我殡'。"在从露西那里得知杰克的临终愿望后,恩尼斯不远千里冒着被拒绝和羞辱的可能来到杰克父母家完成其遗愿,告慰亡灵。最后,影片对杰克的刻画也展现出他对感情的忠贞和至死不渝。在和农场主的女儿露西结婚后,杰克过上了比恩尼斯富裕很多的生活。但是阶级差异并没有让杰克疏远挣扎在贫困生活中的恩尼斯,反而多次试图为其提供经济帮助。尽管杰克因为情感受挫曾另觅他人,但是他确实在两人关系中付出了更多的时间、精力和热情。两人分开多年后,是杰克首先找到了恩尼斯,而且一次次舟车劳顿来与之相会。他一直渴望和恩尼斯共同生活,即使死后也要将骨灰安葬在两人相识相知的断背山。

与原故事相比,电影《断背山》增加了不少恩尼斯和杰克的家庭生活场景,刻画他们作为丈夫和父亲形象。笔者认为这正是导演李安试图在家庭伦理关系中展现杰克和恩尼斯的男性气质。影片中杰克和恩尼斯都是有强烈家庭责任感的温情父亲形象。杰克爱波比,只有他关心儿子患有"阅读困难症"。恩尼斯虽然寡言少语,很少表达自己对家人的感情。但是他为了养家糊口四处奔波,放牛、捆草、帮别人打理农场。他对女儿艾玛和珍妮爱护备至,为了陪伴照顾她们几次放弃和杰克的约会。在和妻子艾玛的关系中,恩尼斯努力成为体贴和有责任感的丈夫。恩尼斯和艾玛从小相识,他们的婚姻直到艾玛发现恩尼斯的秘密之前也一直比较和谐。影片中有很多恩尼斯与女儿妻子生活快乐的画面:婚礼上的亲吻、冬季一家滑雪、观看汽车电影、两个人一起手忙脚乱照顾幼小的女儿等。在杰克提议让恩尼斯离开艾玛和自己共同生活时,恩尼斯拒绝了杰克,他认为并不是艾玛的过错,而且不允许杰克在言语上攻击艾玛。尽管此时他和艾玛的婚姻已经在贫苦生活的折磨中成了一地鸡毛,艾玛甚至扬言要公开恩尼斯的同性恋身份。此外,影片中有一段恩尼斯对美女卡西求爱的拒绝,这个情节设置颇具意味。在和妻子艾玛离婚之后,恩尼斯遇到了魅力性感的卡西,她主动求爱并提出可以帮助恩尼斯照顾两个女儿,但是恩尼斯最终并没有接受。在卡西不理解的哭诉中,电影镜头定格在恩尼斯的脸部特写,他的表情复杂,内心充满了内疚但似乎也很坚定。我们不免猜测:这或许是因为恩尼斯了解并同情妻子的遭遇,而不愿让卡西也重复艾玛的悲剧。

这个猜想在影片最后恩尼斯和女儿小艾玛的对话中进一步验证,暗示了恩尼斯对妻子艾玛的同情和理解。小女儿艾玛找到了爱人,前来邀请父亲恩尼斯,期待他参加自己的婚礼。恩尼斯沉默许久,紧张的氛围下只问了女儿一句话:"他爱你吗?"在得到女儿肯定的回答之后,镜头对恩尼斯颤抖的嘴唇进行了特写,暗示他对自己激烈感情的克制。我们不妨猜想,一方面这可能勾起了恩尼斯对杰克的真挚感情。恩尼斯迫于各种压力似乎从来没有把杰克放在第一位,为了履行一个好父亲和好丈夫的职责,他甚至牺牲了自己和杰克的感情,最后让杰克在绝望中遗憾死去。女儿对爱情的直率表达唤起了他对杰克美好感情的回忆以及对其可能惨死的悲痛。另一方面这也可能暗示了恩尼斯对妻子艾玛的愧疚之情。艾玛爱着恩尼斯,她在和恩尼斯的婚姻中是一位无辜的受害者。小艾玛拥有和妻子一样的名字,恩尼斯似乎在担心自己的女儿重复妻子相同的遭遇?作为父亲,恩尼斯不安地询问女儿,对方是否真的爱她,而不是女儿是否爱对方,这暗示了恩尼斯对妻子的愧疚,不希望自己的女儿遭遇同样的悲剧。父女谈话最后,恩尼斯答应另找一位牛仔接替自己的工作,同意去参加女儿婚礼。这不仅是父亲对于女儿的关心和爱护,而且父女关系的和解也暗示了恩尼斯孤独伤口的愈合。恩尼斯最后可以直面自己内心的恐惧,以及他对杰克的感情。同时,恩尼斯也重新反思了自己与妻子艾玛的关系,理解了艾玛在与自己的婚姻中所遭受的痛苦。

西方不少学者认为恩尼斯在与杰克的关系中不断压抑自己,相较于勇敢表达自己感情并和恐同症文化作斗争的杰克,恩尼斯是一个懦夫。[1]

---

[1] 详细内容可进一步参阅 Kim Ryan James, "Not a Gay Movie", *Advocate*, 2015, http://www.Advocate.com/news/2005/12/09/brokeback-mountain-not-gay-movie; Perez Hiram, "Gay Cowboys Close to Home: Ennis Del Mar on the Q. T", Jim Stacy ed., *Reading Brokeback Mountain: Essays on the Story and the Film*, North Carolina: McFarland& Company, Inc., Publishers, 2007, pp. 71-87。

第四章 从"美国牛仔"到"中国君子":《断背山》中的男性气质解读

但是这种显然是站在西方性别视角下得出的结论,带有明显的文化偏见。笔者认为,站在儒家传统伦理上说,恩尼斯在与杰克,妻子和女儿的关系中彰显了君子的男性气质气概。而被西方学者所诟病的压抑自我,在儒家伦理视野中恰恰可以解读为对自我欲望的克制和对社会责任的坚守。影片中,当杰克和恩尼斯四年后重聚,杰克提出两个人共同生活。

  杰克:如果你我去某个地方弄个小牧场,养点牛,那种人生应该会很美好。去他的,罗琳的老爸,他很想给我一笔钱打发我,他多少提过这件事。
  恩尼斯:不,我跟你说,不会是那样的。你有老婆孩子在德州,我在瑞文顿有我的人生。
  杰克:是吗?你跟艾玛,那就算人生了?
  恩尼斯:不准你批评艾玛,这不是她的错。最重要的是,我们拥有彼此,而这件事再度让我们聚首。换个错误的地点和时间,我们就死定了。

恩尼斯拒绝了杰克,这不仅因为同性恋在当时的社会是不被接受的,而且最重要的原因是他强调他们彼此都拥有家庭和孩子,有必须承担的家庭责任。这样的回答明显与追求个人主义自由的美国文化价值观格格不入,也遭到了杰克的嘲讽。但是,如果在儒家视角下进行解读,便很容易理解恩尼斯的选择。儒家伦理强调,不能为了满足自己的欲望而伤害别人的利益,强调控制调适自己的欲望,履行社会职责。杰克和恩尼斯相互爱着对方,但是恩尼斯认为他们的爱应该控制在"合适的地方"和"合适时间",不应该为了两个人在一起而伤害彼此的家人。此外,恩尼斯不断提醒杰克他们是有家有孩子的人,强调他们作为父亲和丈夫的责任。对于恩尼斯而言,他对杰克的爱需要控制在合理的范围内,不能因此影响和伤害自己的妻子和女儿。从这个层面说,西方评论家眼中杰克的勇敢,其实必然会导致对社会责任的忽视。换句话说,在杰克的提议下,恩尼斯实际上面对着满足自我欲望和承担家庭责任两者之间的选择。而恩尼斯最后的抉择体现了儒家伦理中"克己复礼"的君子风范，在履行家庭责任的前提下维持和杰克之间的感情。因此，从儒家伦理视角看，恩尼斯并非懦夫，杰克也并非勇者。

影片中杰克的死亡意蕴丰富，体现了导演李安对两种文化视角下男性气质规范的深入思考。从儒家伦理视角看，杰克对欲望的满足和恩尼斯对自我的克制截然不同。杰克似乎完全任由自己的欲望摆布，受制于同性情欲的宣泄。他去墨西哥贫民窟寻找同性伙伴就是放纵自己、自甘堕落的体现，而正是这种不加控制的欲望最后导致了杰克的死亡。从儒家伦理来说，杰克最终的悲惨结局正是其过度纵欲、缺乏自我控制而带来的自我毁灭。不同的性别视角下，对杰克和恩尼斯的评价发生了天翻地覆的变化，究竟谁是落后的，谁是进步的？又由谁来决定？我们需要认识到，无论是西方性别规范还是中国儒家伦理，都不应该成为一种性别霸权。

事实上，导演李安始终十分审慎地与儒家伦理规范保持着距离。他的影片始终围绕个体自由与社会规范之间的矛盾展开思考，影片末尾揭露了儒家伦理对个人的压抑。恩尼斯面对杰克的血衣发誓，我们心疼眼前这个铁骨铮铮的柔情硬汉，但却难免为两个人的感情而遗憾惋惜，为杰克绝望的离去而伤心悲痛，甚至会遗憾恩尼斯太过压抑保守而让两个人最终阴阳相隔，抱憾终生。笔者认为，这样的电影结尾其实暗示了李安对儒家伦理压抑个体的反抗。简言之，导演李安反对任何强加在个体身份之上的男性气质规范，呼吁个体性别多元化的自由。儒家伦理下自甘堕落的杰克，却是西方性别解放视角下令人尊敬的勇士。反之，在西方视野下被视为懦夫的恩尼斯，在儒家伦理视野下可能成为"克己复礼"的君子。在这个意义上，李安的双重文化视角帮助其超越了单一文化视角下的偏见，展现了男性气质建构的复杂性、多元性和不确定性，打破了西方性别规范的霸权。

第四章　从"美国牛仔"到"中国君子":《断背山》中的男性气质解读

第四节　"跨不同"视野下对美国男性气质理想的反思

从"跨不同"视角看,恩尼斯的美国牛仔男性气质身份包含着对这种理想身份模式的质疑和挑战。作为美国霸权性男性气质模范之一,牛仔男性形象在影片中即使没有完全被消解,也在个体的"跨不同"经历中"融入复杂、矛盾、超越和重叠的多维结构网"①,导致其历史主体性的消弭、英雄形象的颠覆以及霸权性男性气质的陨落。在"跨不同"理论视角下,我们进一步分析恩尼斯男性身份中的复杂性。

　　从历时角度来看,意义系统因此可以被恰当地描述为不断"誊写"的过程:已被排除的内容永远无法删除,只能被新选定的内容覆盖。因此,被压制的痕迹会再度显现,存在重建的可能性。我们提议将意义系统的再生产看作一个不断"誊写"的过程:在再生产的循环中,被排除的事物必须一次又一次地重写,以杜绝它对稳定性的破坏。这个过程产生了跨不同,因为它重新引入了世界的复杂性,需要思考其他可能性来验证它的选择。②

恩尼斯的男性身份建构中悲剧性地融入了多次"誊写"的过程,包含"跨不同"的各方面。他压抑了自己对同性亲密关系的渴求,尝试建构异性恋霸权的牛仔男性身份,但是被压制的同性欲望却无法被完全摒弃,于是陷入了矛盾和痛苦。李安对恩尼斯身份建构的描绘体现了"跨不同"理论中的多次"誊写"过程,深入探究同性欲望和异性恋霸权、男性同性社交和恐同焦虑、个人欲望和社会责任等之间的冲突。这些存

---

① Hein Christina Judith, *Whiteness, the Gaze, and Transdifference in Contemporary Native American Fiction*, Heidelberg: Winter, 2012, p. 167.
② Breinig Helmbrecht and Klaus Lösch, "Transdifference", *Journal of the Study of British Cultures*, 2006, p. 110.

在于恩尼斯身份建构中的矛盾特质正体现了"跨不同"理论试图发掘的个人身份政治中的模糊性和复杂性。由此，我们得以打破对恩尼斯的偏见，移除他身上的"懦弱"污名，重新发现其在儒家伦理关系中作为丈夫、父亲、爱人和朋友等角色的"君子"男性风范。在这个意义上，《断背山》是一部富有创新性的电影，其独树一帜不仅在于塑造了与美国主流文化格格不入的同性恋男性新形象，而且更重要的是塑造了与传统美国牛仔精神内核抵牾的边缘化男性，突破了对霸权性男性气质的书写，拓宽了人们对于牛仔男性气质的认知边界。杰克和恩尼斯的经历鼓舞着其他美国男性冲破性别规范对个体的束缚，彰显被主流文化压制、排斥和边缘化的男性气质，这可能正是这部影片在观众眼中经久不衰的原因。

如果说是作家安妮·普鲁发现了美国牛仔男性群体身上的同性恋倾向，那么影片导演李安则透过原著中的同性恋关系发掘了更广阔层面的同性情感。他对恩尼斯男性气质的理解超越了性取向，展示了文化互动中个体男性气质身份不断"誊写"的过程，避免了身份性别政治中简单的归属和划分，揭示了"跨不同"的不稳定性和复杂性。恩尼斯是美国牛仔、同性恋人，也是儒家理想男性。受制于多种权力关系和社会因素，影片依然以悲剧结尾。但是，这部影片始终提醒着人们不忘思考个人身份中的自由和压迫、自我和他者，以及个体欲望和社会责任的关系。

小　结

本章对影片《断背山》中的男性气质展开了跨文化审视，从两种文化视角进行解读并得出不同的结论，充分展示了男性气质建构的模糊性、复杂性和多元性。导演李安对杰克和恩尼斯同性恋形象的展示打破了美国主流媒体对同性恋的刻板印象，凸显了牛仔的阳刚之气。同时，通过塑造与传统文学文化中截然不同的牛仔男性形象，李安瓦解了牛仔形象中的霸权性男性气质内涵，揭露了恐同主义。最重要的是，本章通过中

第四章 从"美国牛仔"到"中国君子":《断背山》中的男性气质解读

国儒家伦理视角对恩尼斯的男性气质进行再审视,除去了其身上的"懦弱"污名,发掘了其"君子"风范。在这个意义上,笔者认为导演李安打破了任何强加于性别身份上的规范。无论是西方性别范式还是儒家伦理,都不能成为评判男性气质的唯一标准,从而拓宽了我们对男性气质的多元化理解。

第五章 从"超级英雄"到"中国侠客"：《绿巨人浩克》中的男性气质解读

绿巨人浩克是美国惊奇漫画公司（Marvel Comics Universe）的漫画大师斯坦·李和漫画家杰克·柯比创造的传奇漫画人物，初次亮相于1962年漫画《不可思议的浩克》（The Incredible Hulk）第一期，是超级英雄世界历史上最知名的人物之一，有不少改编的电视剧和电影。与其他正气凛然的超级英雄——蜘蛛侠、神奇四侠——不同，绿巨人浩克在漫画里呈现的是如反派一样暴力粗鲁的愤怒形象，绿色的人物带有诡异的氛围。这个形象身上也因此具有其他漫画英雄所不具备的复杂性和深刻性。好莱坞著名电影制片人盖尔·安妮·赫德（Gale Anne Hurd）说："我一直认为绿巨人的故事具有着莎士比亚式的悲剧元素和出色的电影潜力。我之所以喜欢绿巨人，是因为与其他惊奇漫画中抗争罪恶的超级英雄相比，绿巨人并不是真正的超级英雄，这种化身博士式的冲突吸引了我。从某种角度看，这是一个警示故事，不仅有关我们内心深处的魔鬼，还阐释出创造怪物的后果。"[①] 2003年李安的电影版《绿巨人浩克》，从剧情和人物塑造上相较于原作都有了相当大的改动。李安和詹姆斯·夏慕斯（James schamus）将布鲁斯·班纳和浩克的关系从一个人拆成一对父子，增加了很多家庭戏，并强化了人物性格和心理分析。影片描述的是男主角布鲁斯·班纳（Bruce Banner）的美军科学家

[①] 参见 http://www.hudong.com/wiki/%E3%80%8AHULK%E3%80%8B，访问日期：2022年8月。

第五章　从"超级英雄"到"中国侠客":《绿巨人浩克》中的男性气质解读

父亲大卫·班纳（David Banner）为了创作出超级士兵的改造基因，将正处于实验阶段的基因植入自己体内。结果自己没有特别改变，却让自己的孩子班纳受到遗传，隐隐发绿的身体带有强大的改造基因。父亲害怕班纳成为未来的危险准备将其杀死，却在班纳母亲的阻止下，失手将其杀死。目睹母亲被杀的班纳，心中留下了永远的阴影。长大后的班纳也成了美军科学家，一次实验意外使班纳遭受伽马射线的辐射，将班纳的超级变种基因诱发出来。每当班纳愤怒时，就会变成拥有巨大破坏力的绿巨人。

影片开头寓意丰富，为后面剧情的展开进行铺垫。绿巨人浩克在关键时刻赶到拯救女友贝蒂（Betty），与三只恶狗展开了疯狂厮杀。浩克硕大无比的身躯和勇猛的打斗彰显了超人的阳刚之气，唤醒了观众对美国超级英雄传统的崇拜和期待。然而，这种英雄形象很快让位于极端血腥的暴力厮杀场面。特写镜头下，冷酷粗鲁的浩克将狗群一点点撕成碎片。这场打斗似乎耗尽了浩克所有的力气。他步履蹒跚地走到附近的一个池塘边，注视着自己在水中的倒影。突然一滴泪珠从眼角滑落，打破了水面上的面容特写。之后电影镜头采取了贝蒂的视角从汽车窗户往外看，浩克庞大的身躯逐渐缩小到正常尺寸变成普通人布鲁斯。布鲁斯跪倒在地然后爬起来一步步靠近贝蒂。高角度的长镜头下，布鲁斯裸露的男性身体显得瘦小而脆弱。但他握紧拳头挥舞着朝贝蒂吼道："是他（大卫·班纳）派来的这些狗，对不对？但我把他们全部杀死了！"贝蒂惊恐地看着布鲁斯。突然他一把扼住贝蒂的喉咙，几乎要掐死她。贝蒂尖叫着看着他，眼中充满了悲伤和同情。似乎意识到自己的失控，布鲁斯终于放开了贝蒂，虚弱地倒在她怀中。这样的电影开头预示了导演李安将讲述一个与美国超级英雄浩克不同的故事。

和原著漫画相比，李安在电影中增加了父子关系这条主线。全片围绕令父亲害怕的未来宿命，以及儿子目睹母亲被父亲杀死后的创伤心理展开，重点刻画父子命运、彼此的争斗和杀戮悲剧，颇具《俄狄浦斯王》的味道。这部电影当年上映后反响平平，甚至有影评人直接批评："李安

跨文化空间里的男性气质互动

似乎做了所有的事儿，除了让片子好看"①，并建议导演李安以后不要再尝试此类电影。更有人指出："李安的《绿巨人浩克》是超级英雄电影历史的终结。"② 李安多年之后在《少年派的奇幻漂流》（Life of Pi）发布会上接受采访回顾这部电影的时候说："我的问题是我把事情看得太认真了，我应该让它轻松一些，而不是把它拍成一个心理剧！"③这些都说明影片《绿巨人浩克》与观众对于美国超级英雄的观影期待相去甚远。在分析李安电影时，惠特尼·迪利（Whitney Crothers Dilley）写道："李安的标签——家庭，还有深刻的个人化的角色——无疑都深刻在他的脑海并影响了他对这部电影的拍摄。"④ 其充满创见的评析正说明了《绿巨人浩克》不同于一般的超级英雄电影。

在笔者看来，影片的不同之处在于导演李安尝试在两种文化语境下展现浩克的男性形象，从而使其具有跨文化的独特性。一方面，李安颠覆了浩克作为美国超级英雄的霸权性男性气质，另一方面父子关系情节剧式的铺展延续了李安一贯的电影风格，展现了其对儒家伦理下父子关系的思考。此外，李安在对于浩克形象的描绘中加入了"中国侠客"的英雄主义书写，因此让影片体现了两种文化下英雄男性气质模式的碰撞和沟通。笔者首先分析影片中浩克形象是如何挑战和颠覆美国传统超级英雄的想象，瓦解其中的霸权性男性气质。之后通过中国传统英雄主义和"侠客"的精神内涵对浩克的男性形象进行再审视，发掘浩克形象中的中国理想男性特质。最后，从儒家伦理视角分析影片中的父子关系，并指出浩克处于中西文化夹缝中的身份正是华裔男性气质身份的隐喻。

---

① Kauffmann Stanley, "The Unexpected Self", *The New Republic*, 2003, p. 24.
② Phipps Keith, *The Successful Failure of Ang Lee's Hulk*, April 28, 2015, http：//thedissolve.com/features/movie-of-the-week/1006-the-successful-failure-of-ang-lees-hulk/，访问日期：2022 年 8 月。
③ Vineyard Jennifer, *Director Ang Lee on Life of Pi, Petting Tigers, and His Hulk Regret*, Nov. 19, 2012, http：//www.vulture.com/2012/11/life-of-pi-ang-lee-interview.html，访问日期：2022 年 8 月。
④ Dilley Whitney Crothers, *The Cinema of Ang Lee: The Other Side of the Screen*, London：Wallflowers Press, 2007, p. 147.

第五章 从"超级英雄"到"中国侠客":《绿巨人浩克》中的男性气质解读

第一节 超级英雄的颠覆

在美国文化里,很少有男性形象可以像漫威超级英雄那样成为美国英雄的典型代表。随着21世纪以来超级英雄电影的火爆,高度男性化(hyper-masculinity)一直被人们当作性别行为的典范,在美国青少年中受到追捧。杰弗里·布朗(Jeffrey A. Brown)这样总结美国的超级英雄套路:

> 超级英雄是美国文化里男性气质理想的巅峰,满足了一代又一代青少年男性对于阳刚之气的幻想。超级英雄比任何人都强大,他代表善良和正义,可以打败恶棍、救下美女。超级英雄会飞,能举起卡车,从双眼发射激光束,从拳头爆发无穷力量等等——谁不想成为一个超级英雄呢?[1]

布朗的这段话总结性地刻画了美国漫画故事中超级英雄的标准图案:一位普通甚至胆小懦弱的男性因为某种机缘巧合,变身成为一位拥有超级神力的英雄。从此他屡次打败恶棍拯救无辜的少女,展示出傲人的男性阳刚之气,比如蝙蝠侠、超人、蜘蛛侠等。但是电影《绿巨人浩克》却不符合这样的超级英雄人物设定,甚至可以说是对其彻底的颠覆。笔者认为浩克的人物形象从英雄变身、拯救美女和打败恶棍三个方面瓦解了超级英雄传统中的霸权性男性气质。

一 变身英雄?

超级英雄都有金刚不坏之身,高大勇猛的男性身体是其超人力量的象征。漫画作家和制片人因此也常常将身体作为重获男性阳刚之气的手

---

[1] Brown Jeffrey A., "The Superhero Film Parody and Hegemonic Masculinity", *Quarterly Review of Film and Video*, 2016, p.131.

跨文化空间里的男性气质互动

段加以运用，从而将普通男性通过变身成为超级英雄。杰弗里·布朗在《超级英雄反讽和霸权性男性气质》（The Superhero Film Parody and Hegemonic Masculinity）一书中指出，变身的场面常常是电影情感和叙述的中心情节，因为在这一刻，男性通过变身这一仪式获得了阳刚之气。这种将身体物理性质的改变作为电影内核，事实上强调了传统男性气质理想中对身体力量、韧性、能力以及异性恋倾向的稳固看法。[1] 变身在美国超级英雄类型片中一直是作为重获男性气概的工具，是彰显男性赋权的奇观。不过，电影《绿巨人浩克》中李安对布鲁斯变身浩克的过程却颠覆了这种男性赋权的策略。

首先，李安使用数字化的科技手段对浩克的庞大身躯进行编码展示，对超级英雄变身（body transformation）进行祛魅，破坏了观众对超级英雄完美身体的观影期望。不知是否有意为之，影片中计算机生成图像（CGI）技术下塑造的绿巨人浩克因为无法拥有细微的动作和真实感，让观众很难在变身后获得力量感。同时，浩克身体的可延展和重构让很多粉丝不满，他们认为这种展示让浩克沦为一个不断变化的臃肿怪物。此外，影片中的镜头不断特写变身之后浩克悲伤的面部表情，强调其心理创伤。这些镜头展现在观众面前的并不是一个超级阳刚的英雄，而是一个无法控制情绪，容易受到伤害的绿色大怪物。因此，这种数字化效果之下呈现出来的浩克不再能够满足观众对理想超级英雄身体的崇拜。

其次，李安对身体变形的原因也进行了改写。在原著故事中，布鲁斯变身浩克的力量来自其基因的突变，但是在电影中，李安弱化了这一情节，转而强调布鲁斯心理上的创伤才是诱发其变身的最主要原因。布鲁斯·班纳的父亲在他小时候企图将其杀死，结果母亲在保护他的过程中被父亲意外杀死。这一压抑着的心理创伤一直困扰着布鲁斯·班纳并不时点燃其怒火使其变身。正如贝蒂所言，是布鲁斯压抑的情感创伤刺激了体内的变异细胞，导致了他的身体变形。因此，在这个意义上，绿

---

[1] Brown Jeffrey A., "The Superhero Film Parody and Hegemonic Masculinity", *Quarterly Review of Film and Video*, 2016, pp. 133-134.

第五章 从"超级英雄"到"中国侠客":《绿巨人浩克》中的男性气质解读

巨人浩克的超级力量便与布鲁斯的心理创伤绑定在一起,身体的变形充满力量其实表现了他心理上的脆弱无力。在影片中,为了获得和重新生产绿巨人浩克的变异基因,反派人物格伦·塔尔伯特(Glen Talbot)试图刺激布鲁斯变身,为了不让其得逞,布鲁斯·班纳极力挣扎反抗。在尝试多种物理刺激无果之后,塔尔伯特命人刺激布鲁斯的脑电波,强行唤醒其童年记忆。这果然使布鲁斯愤怒失控变成了浩克。这一情节说明身体变形并没有任何男性赋权的意味,反而是布鲁斯在经受不住反叛人物的攻击,失去自我控制,屈从情感创伤的结果。

此外,变身绿巨人之后的浩克尽管力大无穷,但并没有任何超级英雄主义的行为。在一场和美国军队的打斗中,镜头下的浩克显得悲情多过英勇。军队特工首先试图使用镇静剂对付浩克,之后地面坦克部队一路追击他,头顶还有飞机不断盘旋开火。浩克努力摆脱部队的追赶和猛烈的火力,但是无论他跑到哪里,他都无法摆脱直升机的追踪,最后被飞机投下的炸弹击中。颇具讽刺意味的是,最后绿巨人浩克变回正常体型的布鲁斯才被贝蒂劝服父亲停止开火救走。由此可见,导演李安有意拒绝了通过变身而获得阳刚之气这一典型的超级英雄叙事模式,从而部分打破了观众对超级英雄的幻想。

二 拯救女性?

在分析超级英雄类型影片时,杰弗里·布朗(Jeffrey A. Brown)指出,超级英雄不断强化读者和观众内心对于关键概念界限的认知,比如好与坏、对与错、我们和他们。[1] 在这些抽象对比概念中,男性和女性的界限尤其突出。男性是英雄,强壮而勇敢;女性是待解救的少女(damsel in distress)和浪漫爱情的奖赏。[2] 更确切地说,女性很少是独立坚强的,

---

[1] Brown Jeffrey A., "Supermoms? Maternity and the Monstrous-feminine in Superhero Comics", Mel Gibson, David Huxley and Joan Ormrod eds., *Superheroes and Identities*, Routledge, 2015, p. 185.

[2] Brown Jeffrey A., "The Superhero Film Parody and Hegemonic Masculinity", *Quarterly Review of Film and Video*, 2016, p. 134.

跨文化空间里的男性气质互动

她们往往都需要男性英雄将她们从各种困境中拯救出来。但是，这种男性/力量/拯救者和女性/脆弱/被拯救者的二元论在电影中并不适用于男女主角浩克和贝蒂。导演李安有意对这一象征性的超级英雄塑造模式进行戏仿，刻意展示了浩克被贝蒂拯救的戏码。

影片一开始就破坏了男性拯救女性的英雄主义幻想。与镇定、聪明自信的超级英雄相去甚远，浩克是一个无法控制自己毁灭性力量的悲剧英雄，缺乏超级英雄的精神内核。有学者指出，塑造英雄的并不仅仅是装备和超级力量，更重要的是道德气质、精神力量和对自我的控制。[1] 但是在影片开头和恶狗搏斗的过程中，观众看到的是浩克在极端愤怒下失控，将恶狗撕得粉碎，残暴血腥的场面让被拯救的贝蒂震惊和恐惧。甚至在战斗结束后，浩克也无法停止暴力，一把扼住了贝蒂的脖子，仿佛要将她掐死。这样的电影镜头下，绿巨人浩克远远不是从天而降拯救贝蒂的超级英雄，而是情绪不稳、无法控制自己、充满破坏和毁灭性力量的悲情人物，需要贝蒂的帮助和拯救。

事实上影片贯穿着贝蒂对布鲁斯·班纳的拯救和治愈。影片前期布鲁斯和贝蒂由于布鲁斯的冷漠和拒人于千里之外刚刚结束了两个人的关系。随着故事的不断推进，观众了解到这种冷漠其实是因为布鲁斯内心压抑已久的童年创伤。贝蒂悉心帮助布鲁斯正视自己的过去，从心理创伤中走出来。影片好几幕刻画贝蒂努力宽慰和照顾处于绝望和脆弱之中的布鲁斯/浩克。在和美国军队打斗的场景中，军队的电脑不停锁定追踪浩克，他不断躲避直升机猛烈的火力，并没有任何还手之力。最后是贝蒂劝服自己的父亲停止军队对浩克的追杀而将其救下。几乎相同的英雄主义场景却有着截然不同的精神内核：浩克面对着贝蒂，周围满是警察、机枪手和军队。这个场景是对超级英雄拯救画面的刻意模仿，但是却极大地改写了这种叙述原型。[2] 在传统英雄叙事中，超级英雄战胜了邪恶，

---

[1] Arnaudo Marco, *The Myth of the Superhero*, Jamie Richard truns, Baltimore: The Johns Hopkins University Press, 2013, p. 85.

[2] Wandtke Terrence R. ed., "The Amazing Transforming Superhero!", *Essays on the Revisions of Characters in Comic Books, Films and Television*, McFarland & Company, 2007, p. 19.

第五章 从"超级英雄"到"中国侠客":《绿巨人浩克》中的男性气质解读

拥抱并亲吻被他救下的女主角,获得周围人的掌声。但电影刻意颠倒了这一传统英雄叙事。浩克虚弱地走向贝蒂,然后慢慢变回普通人布鲁斯·班纳。他的眼中满是泪水,肩膀下垂,一步步缓慢而又艰难地走向贝蒂,然后在她面前虚弱地跪了下去。"你找到了我",布鲁斯气息微弱地说。贝蒂回答:"你可真难找。"这样的对话明显是对超级英雄拯救神话的翻转,因为这一次男性角色浩克并不是救人的英雄,而是需要被寻找和被拯救的人。

这种翻转改变了超人英雄拯救神话中的权力逻辑。在超人英雄的原型叙事中,故事情节往往围绕女性被第三方恶人所抓,超级英雄现身,打败恶人并拯救少女而展开。[①] 导演李安却改写了这种三角关系,将其变成两种关系:布鲁斯/浩克和贝蒂,以及布鲁斯/浩克和父亲。这样的改写一方面实现了女性赋权,让贝蒂成为拯救者,打破了男性拯救女性的神话,以及建构在这个神话上的男性霸权;另一方面也增加了班纳父亲的戏份,让父子关系成为影片的主线。而超级英雄原型叙事中惯有的善恶、好坏、英雄和恶棍、自我和他者的简单二分法也被复杂的父子关系所取代。

三 打败"恶棍"?

在超级英雄范式中,超级英雄对阵超级恶棍是建构理想超级英雄的重要策略。雷诺兹(Reynolds)在《超级英雄:现代神话》(*Super Heroes: A Modern Mythology*)中总结:"恶棍们一年又一年,一个故事接着一个故事,不休止地承担着破坏社会秩序的作用,而超级英雄则努力控制和维持社会秩序。"[②] 超级英雄需要恶棍持续不断的破坏活动显示其存

[①] Furlong Michael, "Gendered Power: Comics, Film, and Sexuality in the United States", Julian C. Chambliss, William Svitavsky and Thomas Donaldson eds., *Ages of Heroes, Eras of Men: Superheroes and the American Experience*, Cambridge Scholar Publishing, 2013, p. 93.

[②] Reynolds Richards, *Superheroes: A Modern Mythology*, Jackson: University of Mississippi Press, 1992, p. 24.

在的意义，以及构建他的英雄气概。① 在路易斯·莱特里尔（Louis Leterrier）2008年拍摄的电影《不可思议的浩克》中便延续了英雄和恶棍的二元对立结构叙事。埃米尔·布朗斯基（Emil Blonsky）是站在浩克对立面的大反派，他野心勃勃，善于操控人心，是邪恶的代名词。作为影片中的主线人物，浩克与之展开了激烈的搏斗并最终战胜了他，维护了社会的正义与和平。但是在李安所拍摄的《绿巨人浩克》中，并不存在明显界限的超级英雄和恶棍的设定。影片中站在浩克对立面的人物有三个，分别是罗斯将军（贝蒂的父亲）、塔尔伯特（贝蒂的爱慕者）和他的父亲大卫·班纳。

罗斯将军的人物设定并不符合恶棍的形象。他对浩克的情感比较复杂，一方面，他对浩克表现出同情，尤其是在女儿贝蒂告知其布鲁斯/浩克的身世之后；另一方面，他也担心浩克会成为美国社会的威胁，如果浩克不能被控制，就只能被消灭。在这个意义上，罗斯将军之所以和浩克对立，其实是为了美国市民的安全考虑，并不符合恶棍的设定。同时，浩克和罗斯将军的打斗也只是为了个人的生存。因此，他们两者之间的战争并不符合超级英雄战胜恶棍的想象。和罗斯将军不同，塔尔伯特在影片中是一个反派。他利欲熏心，希望抓住浩克将其作为武器出售给军方大赚一笔。不过他在影片中的存在感非常弱，并不是浩克势均力敌的对手。浩克几乎不费吹灰之力就能把他摔得四仰八叉。因此，他无法构成影片中堪称主线的大反派。耐人寻味的是，影片中最具有反派特征的是拥有超能力的布鲁斯/浩克的父亲大卫·班纳。李安将电视剧版本中的主角大卫·布鲁斯·班纳拆分成父亲大卫·班纳和儿子布鲁斯·班纳两个人，并将父亲大卫设置成影片中的主线人物。

大卫·班纳是罗斯将军所管理的部队里的基因科学家。他的基因实验因为受到了罗斯将军的批评和阻止，于是他便在自己身上做起基因实验，而将变异的基因遗传给了自己的儿子。当他意识到儿子布鲁斯·班

---

① Reynolds Richards, *Superheroes: A Modern Mythology*, Jackson: University of Mississippi Press, 1992, p. 50.

第五章　从"超级英雄"到"中国侠客":《绿巨人浩克》中的男性气质解读

纳长大后可能会是一个怪物后,他企图杀死儿子,结果失手杀死了妻子。这段童年记忆给布鲁斯·班纳留下了巨大的心理阴影。在得知布鲁斯是在意外中受到伽马射线辐射而启动身体里的变异基因之后,大卫便让自己接受更强烈射线的照射,从而获得了和所触碰的物体合二为一的超能力。但他对此并不满足,企图收割儿子浩克的力量以成为最具有超能力的人。影片最后儿子和父亲大战,大卫吸走了儿子浩克所有的能量,却因为能量太过巨大无法控制而最终走向自我毁灭。可以说,将大卫·班纳设定为影片的主线人物,并将其安排成剧中的超级反派和父亲,这是李安对原著漫画最大的改编。笔者认为,这样的改编既打破了明确的善恶界限,也将儒家伦理下的父子关系贯穿其中,成就了李安的个人风格,赋予了影片超出美国超级英雄电影"范式"之外的深厚意蕴。

影片中的大卫·班纳既是一个沉迷权力的邪恶之人,又是一个不时流露出长辈慈爱的父亲,他和儿子布鲁斯·班纳的关系十分复杂。他不顾一切希望获得布鲁斯/浩克的超级力量。当贝蒂打破他的计划,试图拯救布鲁斯将其变成普通人时,他十分恼怒,企图杀死贝蒂,暴露出他邪恶的一面。但是当他和成年之后的儿子布鲁斯首次见面时,那乱蓬蓬的头发和鬼鬼祟祟的行为就像一个可怜的疯子,让人不免心生同情。影片中有几处都强调父亲对自己行为的忏悔。当布鲁斯在实验室里变成浩克,用破坏活动发泄愤怒时,他躲在门后静静地看着一切,然后一瘸一拐地靠近,试图伸手安抚痛苦不堪的儿子。仿佛感受到父亲温柔的举止,浩克也突然暂停了破坏活动,静静地瞪着这个年迈瘦弱的老头。电影镜头试图模拟浩克的视角,从高角度特写父亲布满皱纹的脸,眼眶噙满了泪水。站在巨人儿子面前的他矮小而瘦弱,不堪一击。

影片最后对复杂父子关系的刻画更为突出。长镜头下,儿子布鲁斯被捆绑在椅子上,两盏射灯分别交叉照射着儿子和父亲,营造出戏剧舞台的效果。镜头随后转向父亲大卫的脸部特写,之后用全景镜头跟随他进入这间黑暗宽敞的房间,一步步靠近布鲁斯。此时,布鲁斯低头避开了父亲的目光。这个场景充满讽刺意味地模拟了儿子犯错之后无颜面对

跨文化空间里的男性气质互动

父亲的场景。

  布鲁斯：不要碰我。也许你以前是我的父亲，但是现在和以后都不是。

  父亲：是吗？让我告诉你，我不是来见你的。我是来见我的儿子。我真正的儿子，在你体内的东西。你只不过是一个空壳子，你薄弱的意识，在一瞬间就会消失殆尽。

  布鲁斯：随便你，我不在乎，你快走吧。

  父亲：听我说，我找到解药，治好我的解药。我的细胞也能突变，吸收大量的能量。但是却不稳定。儿子，我需要你的力量。我赐给你生命，你该给我回报了。比以往强大一百万倍。

  布鲁斯：住手。

  父亲：为什么？你想想外面那些穿军装的人，只会盲目地服从命令，以武力统治全世界，他们造成了多大的伤害，对你！对我！对全人类！我们可以让他们的国旗、国歌和他们的政府永远消失，只要你我合二为一。

  布鲁斯：我死也不肯。

  父亲：这就是你的回答？那你真的应该死后重生。称为在文明污染人类灵魂之前，傲视地球的英雄人物。

  父亲诉说着对儿子的失望，他称此时在他面前的不过是一个"躯壳"，他希望能看到"自己真正的儿子"，一个可以为他服务，延续他的理想的儿子。这个对话充满了儒家伦理下父子关系的隐喻。被束缚的儿子和自由走动的父亲暗示着儒家伦理中的父亲权威。只有满足父亲期待，完成父亲愿望的儿子才是真正的儿子。李安甚至通过大卫之口，直接对此进行了展示。"我给了你生命，现在你必须把他还给我。"这样的父子关系逻辑在西方观众看来可能很难理解，但是却体现了儒家伦理中的父子关系。父亲并不是将儿子看作独立平等的个体，而是将其视为自己的一部分，因此认为对儿子提出回报的要求并不过分。不过很明显，布鲁

第五章　从"超级英雄"到"中国侠客":《绿巨人浩克》中的男性气质解读

斯并不是一个"孝顺"的儿子,他拒绝了父亲的要求,咆哮着让其离开。但是父亲并不领情,他像教训小孩一样让布鲁斯停止哭喊。这样的场景让大卫和布鲁斯的关系变得复杂起来,模糊了善恶的界限,也打破了超级英雄身份构建中英雄和恶棍的二元对立。

因此,影片对浩克脆弱、悲伤和自我挣扎的刻画让浩克远远无法承载观众对超级英雄的幻想。通过加入并强调父子关系这条主线,李安给影片加入了儒家伦理的视角,对超级英雄电影是一种极大的突破。事实上,不仅是儒家伦理下的父子关系取代了英雄和恶棍的二元对立,而且中国侠客精神似乎也取代了美国超级英雄主义。马尔凯蒂(Marchetti)在分析电影镜头对浩克飞跃动作的展现时提到观众仿佛看到了会轻功的中国侠客。[1] 受此启发,笔者认为李安在对浩克精神内核的理解中注入了中国文化中的侠义精神,在更大程度上体现了影片的跨文化特质。

第二节　侠客精神的注入:浩克形象的新解读

中国男性在西方文化中长久以来都被描绘成阴柔的刻板印象,极其有限的对阳刚之气的想象来源于武侠电影中对男性英雄的描绘。在美国好莱坞,李小龙是第一位功夫巨星,他不仅让美国观众了解和熟悉了中国功夫片,而且通过电影中展露的功夫和具有阳刚之气的身体使中国男性重获阳刚之气。[2] 他的电影曾经在中国被西方文化淹没,以及华裔美国人遭受体制性种族歧视的20世纪70年代重构了中国英雄男性的阳刚之气,满足了中国观众通过重新构建神话的、英雄主义的男性而克服低人

---

[1] Marchetti Gina, "Hollywood and Taiwan: Connections, Countercurrents, and Ang Lee's Hulk", See-kam Tan, Peter X. Feng, and Gina Marchetti eds., *Chinese Connections: Critical Perspectives on Film, Identity, and Diaspora*, Philadelphia: Temple University Press, 2009, p. 103.

[2] Shu, Y., " Reading the Kung Fu Film in an American Context: From Bruce Lee to Jackie Chan", *Journal of Popular Film and Television*, 2003, pp. 50-59.

一等的复杂心理矛盾。① 但是也有学者指出，尽管李小龙明确打破了西方主流文化中缺乏阳刚之气的亚裔男性刻板印象，但他的功夫电影和当时的电影媒体一起，事实上也形成了另外一种对于亚裔男性的刻板印象：人人都会中国功夫。② 为了和美国白人男性竞争，李小龙的电影在西方性别范式之下确立了一种以身体力量和暴力为特征的英雄主义男性气概。中国武侠中所强调的关于英雄的其他文化特质也被悄然移除、忽视或者挪用，而被狭隘地（如果不是错误地）定义成肌肉发达、体格强健。事实上，在李小龙之前的中国武侠文化中，英雄气概和发达的肌肉并不等同，那些身怀绝技、武功高强、锄强扶弱的人在古代中国被称为"侠客"。

一　侠：中国式英雄主义

"侠"指的是前现代中国的武侠英雄主义。有学者为了让西方读者了解中国文化里的侠客，将"侠"和"骑士"做了对比：

> 侠的性别并不确定，可以是男侠客也可以是女侠客。侠没有矛也没有盾，甚至不一定拥有武器，事实上，厉害的侠客往往赤手空拳。侠客并不像骑士阶层一样拥有财富和社会地位，他们最大的特征是道德高尚。英语中没有与侠相对应的词。作为名词，侠是侠客，是指锄强扶弱，勇敢与社会不公作斗争的人。作为形容词，侠的意思是正直和勇敢。侠客对正义和公平的追求往往甚于对武功的追求。性别和阶层与侠无关，在中国文化的想象中，道德品质之于侠客才是最重要的。③

这段话从西方文化视角总结了"侠"的两个主要特征：第一，道德

---

① Chan Jachinson W.，"Bruce Lee's Fictional Models of Masculinity"，*Men and Masculinities*，2000，p. 374.

② Chan Jachinson W.，"Bruce Lee's Fictional Models of Masculinity"，*Men and Masculinities*，2000，p. 372.

③ Cheng, Sinkwan，"The Chinese Xia versus the European Knight: Social, Cultural, and Political Perspectives"，*Enter Text*，2006，p. 43.

第五章 从"超级英雄"到"中国侠客":《绿巨人浩克》中的男性气质解读

品质是定义侠的关键;第二,侠的定义中并不存在性别差异。这两点显示出中国文化下"侠"和西方文化中的英雄内涵存在明显不同。正如理查德·卡里尔(Richard Carrier)所说:西方的英雄主义和身体力量是紧密结合的,英雄主义往往和年轻、强壮、迅捷、身驾战车和手握长矛,铁拳联系在一起。① 西方文化的英雄主义尤其强调身体的重要性:男性身体自从古希腊以来就一直是人们兴趣、管理和凝望的对象。在19世纪和20世纪,美国社会对男性身体的审查更加严密,并将其视为理想男性气质的象征,一个审美的对象。② 正是基于这样的逻辑,中国侠客和英雄主义的表现到了美国电影中也往往以强调身体力量为重,丧失了中国英雄主义——侠原本包含的丰富意蕴。事实上,在中国文化中,即使是身怀绝技的侠客,不到万不得已并不会使用武力,他们往往表现出强大的自控能力。因此,与美国文化不同,男性身体从来没有到达成为理想男性气质标志的高度。甚至在儒家文化里,身体反而一直是被弱化和压制。分析儒家社会里的理想男性气质类型——君子时,宋耕指出"儒家语境下的君子是没有身体的男性"。他进而指出即便是身体残缺(失去阴茎)的太监,在强调权力关系和政治地位的儒家性别观念中也并没有丧失男性气概。因为受到君王的宠信,他们往往在政治权力上占据高位。③ 尽管侠客形象在中国文化语境下是对儒家伦理规范的叛逃和反抗,但是两者对身体的轻视却是一致的。

其次,中国的英雄主义理念里,尤其是"侠"的概念下,并不存在性别差异和性别歧视。中国文学一直存在女英雄的传统。自从唐代以来,女侠客就成为女性英雄主义的代表。汉学家罗兰·阿尔滕伯格(Roland Altenburger)追溯了女侠在中国不同历史阶段的发展史,强调中国英雄主义历史中的女侠传统。基于这种观察指出,与西方英雄主义女性的不在

---

① Carrier Richard, *Heroic Values in Classical Literary Depictions of the Soul: Heroes and Ghosts in Virgil, Homer, and Tso Ch'iu-ming*, 2004, pp. 7-8.

② Carrier Richard, *Heroic Values in Classical Literary Depictions of the Soul: Heroes and Ghosts in Virgil, Homer, and Tso Ch'iu-ming*, 2004, p. 56.

③ Song Geng, *The Fragile Scholar: Power and Masculinity in Chinese Culture*, Hong Kong: Hong Kong University Press, 2004, p. 50.

场不同，女性在剑侠文学中占据很重要的位置，象征着"女性的独立和权力"，以及"女性对低下的社会传统地位提出的挑战"①。在这个意义上，女侠也就挣脱了父权制社会对于女性的压制和局限，侠客精神反映的正是人们对于"自由灵魂和精神的追求"②，试图摆脱儒家正统对人的束缚。也正是在这个意义上，詹姆斯·刘（James Liu）认为剑侠精神和美国的个人主义有相通之处，二者都是建立在自我忠诚的基础上，而不是强调儒家伦理中对他人、家庭和社会的责任。他写道："对于侠客而言，自我忠诚比为家和为国忠诚更重要。就算他是为主而死，也往往并非出于为主效忠，而是"'士为知己者死'……比如荆轲"。③

基于此，我们认为侠的第三个特点是对社会规范的藐视，他们往往拒绝接受和服从任何僵硬的社会规范，对于统治者，甚至社会法律也缺乏相应的尊重。④ 尽管侠客的男性气概很难完全摆脱儒家伦理的影响，但是它毕竟是对儒家语境下社会等级和社会规范的一种拒绝和反抗。在这个意义上，"侠"表达了另外一种超脱于儒家语境之外的男性气概和英雄主义。它既不同于美国文化中的超级英雄主义，也不同于儒家文化中的君子男性气概，而是一种"另类"。笔者认为，李安塑造的绿巨人浩克正是这样一个另类。

二 中国英雄主义语境下的浩克形象

尽管脱胎于美国超级英雄漫画，李安电影里的绿巨人浩克却浸润了中国侠客的精神特质。浩克的英雄主义和美国超级英雄形象相去甚远，但却符合中国的侠义精神。首先，浩克的英雄主义在于对武力的控制而不是对暴力的彰显。正如上文分析提到的从布鲁斯·班纳到浩克的变身并没有兑现男子汉气概的重振雄风，对暴力的过度渲染反而凸显了浩克

---

① Altenburger Roland, *The Sword of the Needle: The Female Knight-errant (xia) in Traditional Chinese Narratives*, Bern: Peter Lang AG, 2009, p. 52.

② Altenburger Roland, *The Sword of the Needle: The Female Knight-errant (xia) in Traditional Chinese Narratives*. Bern: Peter Lang AG, 2009, p. 47.

③ Liu James, *The Chinese Knight-errant*, London: Routledge and Kegan Paul, 1967, p. 5.

④ Liu James. *The Chinese Knight-errant*, London: Routledge and Kegan Paul, 1967, p. 6.

第五章 从"超级英雄"到"中国侠客":《绿巨人浩克》中的男性气质解读

的粗鲁和野蛮。与开头血腥暴力的场面不同,影片最后父子大战中,导演李安最大限度地降低了对暴力打斗的展现。父亲在吸收了大量电能后,变得力大无穷,而且可以变身成任何触碰过的物体。浩克和父亲大卫在电闪雷鸣的天空中激战。父亲一会儿和湖边的石头融为一体,一会儿和湖水合二为一,他灵活的变身象征着他已经获得了和自然一样无穷无尽的力量。这样的场景设计也有效避免了对两个人之间血腥打斗场面的刻画。之后两个人同时落进湖水里,镜头变得模糊浑浊。"来啊,接着打啊,你越是还击,我越是可以获得更多力量",父亲对浩克吼道。在半梦半醒中,虚弱的浩克想起了小时候的经历,想起了他和父亲共同度过的欢乐时光。"拿走吧,你把所有的力量都拿走",浩克放弃了打斗。父亲大卫吸收了浩克所有的力量,但是他最终因为无法控制如此庞大的能量而走向毁灭。评论界对这场打斗褒贬不一,很多人不理解李安对这场打斗的描绘,对于浩克最后放弃的决定更是迷惑不解。但如果从中国文化角度,尤其是侠的英雄主义角度,我们便可理解其中的深意。

首先,李安刻意淡化了对男性身体以及身体暴力的描绘,转而强调浩克对力量的控制。打斗的慢镜头是对静止漫画图片的模拟,吸引观众更多关注数字化的后现代审美。通过大卫·班纳身体的不断变形与自然的融合避免对肉身力量的过分强调,从而最大化地减少影片中可能存在的暴力场面。父子大战中浩克最后的放弃抵抗并不是懦弱的投降,相反,正是他侠客精神的体现。布鲁斯·班纳长期以来都被自己的心理创伤所折磨,无法控制体内的变异基因,变身浩克的他充满了毁灭一切的力量。但他最后的放弃抵抗实际是与自己心理创伤的和解,压抑已久的童年记忆再也无法启动他身体的变异细胞,他最终得以控制自己的愤怒和毁灭性的力量。因此,浩克对自身毁灭性力量的控制有更广阔的意蕴,不仅象征着浩克对自己身体的控制,而且也是他对武力有所节制的表现,体现了侠义精神。此外,在甜蜜的父子回忆中,浩克放弃了和父亲的打斗,这其实体现了李安对父子矛盾的一贯处理:以暴制暴并不是解决问题的有效途径,退一步才是海阔天空。

跨文化空间里的男性气质互动

其次，浩克在这场打斗中展现出侠客追求正义，忠于自我的精神特质。与超级英雄的人物设定不同，浩克并没有承担保护美国社会的责任，相反，他因为具有的巨大破坏性力量被罗斯将军视为对社会的威胁。他与父亲大卫的战争在某种程度上依然具有一定的正义性，但是这种正义并不是为了某个国家或者群体，而是一种更高形式的正义——类似那种对自然法则的遵从。① 浩克并不属于美国社会，他也并不具备为了美国人民牺牲的意识，但是他依然为了阻止父亲的邪恶计划和其展开了生死决斗，甚至不惜放弃自己的生命。由此，浩克展现出的并不是保护美国人民的超级英雄主义，而是为了正义打败邪恶的无私侠义精神。

这种侠义精神，在女主角贝蒂身上也有体现。与西方超级英雄范式不同，贝蒂并不是建构浩克男性英雄主义的"他者"，而是颇具女侠风范。和布鲁斯·班纳一样，贝蒂也和父亲罗斯将军之间关系紧张。影片通过不少闪回镜头告知他们拥有类似混乱的童年记忆。在贝蒂眼中，布鲁斯·班纳不仅是一个需要她帮助的人，更是和她一样拥有痛苦童年的人，正是相同的悲剧让他们走到了一起。② 贝蒂不仅理解班纳的感受和痛苦，而且正是贝蒂看到了浩克超级力量背后的脆弱，并让其意识到暴力只会让他走向毁灭。贝蒂和浩克之间这种关系明显和超级英雄叙事中简单的罗曼蒂克爱情不同，甚至在很多影片中也并不多见。③ 这种关系却符合侠文化中的"知己"或者"知音"关系的设定，贝蒂不仅是理想的女性爱人，也是亲密的朋友和灵魂伴侣。这样的人物刻画使贝蒂身上折射出"偏离女性特质的男性人物特征"④，也就是女侠客身上的"性别翻转"（gender reversal）特质。瑞米特（Ramet）在谈到性别翻转时解释

---

① Cheng Sinkwan, "The Chinese Xia versus the European Knight: Social, Cultural, and Political Perspectives", *Enter Text*, 2006, p. 47.

② Mills Anthony, *American Theology, Superhero Comics, and Cinema: The Marvel of Stan Lee and the Revolution of a Genre*, Florence, KY, USA: Taylor and Francis, 2013, p. 172.

③ Mills Anthony, *American Theology, Superhero Comics, and Cinema: The Marvel of Stan Lee and the Revolution of a Genre*, Florence, KY, USA: Taylor and Francis, 2013, p. 172.

④ Vitiello Giovanni, "*Exemplary Sodomites: Chivalry and Love in Late Ming Culture*", *Nan Nü*, 2000, p. 218.

第五章 从"超级英雄"到"中国侠客":《绿巨人浩克》中的男性气质解读

说,"性别翻转可以理解成完全或者部分表现在社会行为、工作、衣着、举止、自我标榜或者意识形态层面的变化,这样的转变使一个人向另一种性别靠拢"①。影片中的贝蒂时常穿着中性服装,她一次次拯救浩克,不断探索认识自己的心理问题,并且帮助浩克从心理阴影中走出来。她是和浩克一样具有侠客精神的女英雄,是整部电影的中心人物,并不是班纳的陪衬。

最后,浩克身上表现出侠文化里开放自由的反叛精神。一方面,浩克拒绝遵循传统扮演美国式的超级英雄。影片中有一个富有讽刺意味的情节,即在布鲁斯·班纳上小学的时候,老师告诉他长大以后会成为一个英雄。但布鲁斯拒绝了这样的期待或者说命运,变身浩克的他并不像其他超级英雄蜘蛛侠或者钢铁侠那样接受命运的安排去保护美国社会,拯救世界。相反,绿巨人浩克从来没有成为英雄的意愿,他的力量被视为对美国社会的威胁,既然他无法被驯服,便只能被毁灭。在这个意义上,浩克和美国军方的打斗更像是一个自由灵魂试图逃避社会规范并与之所作的抗争。另一方面,浩克也拒绝了父亲大卫的意愿去报复美国社会。布鲁斯·班纳像儒家伦理下不孝顺的儿子,表现出对父亲的反叛。这样的描绘使浩克成为两种主流文化的反叛者。他绿色的皮肤仿佛是其"他者"身份的隐喻,既不"白"(美国白人主流文化),也不"黄"(中国文化)。而影片结尾更是一种对浩克边缘性身份的隐喻。贝蒂盯着窗外绿色的树,想起了浩克。镜头转向窗外的绿色并不断放大,接着引入丛林镜头,浩克正在给生病的孩子们发药,随时准备和强盗们搏斗。最后镜头不断缩小,定格到他头上戴的绿色帽子,随后聚焦到小鸟眼睛里的美洲丛林,暗示了浩克在绿色丛林里找到最后的归宿。

三 华裔男性气质身份的隐喻?

影片对浩克的描绘让观众怀疑,浩克本身是否映射着在美国文化和

---

① Ramet Sabrina P., "Gender Reversals and Gender Cultures: An Introduction", Sabrine P. Ramet ed., *Gender Reversals and Gender Cultures: Anthropological and Historical Perspectives*, London and New York: Routledge, 1996, p. 2.

跨文化空间里的男性气质互动

中国文化夹缝中挣扎的华裔美国男性？这种联系在影片中确实也有迹可循。在两处关于镜子的场景中，浩克的身份隐喻十分明显。第一处出现在影片开始不久，布鲁斯·班纳在一面雾气腾腾的镜子前面刮胡子，透过镜子，观众看到他脸上困惑的表情，之后一个特写镜头不断放大到他的眼睛，透过这双眼睛我们看到布鲁斯正骑车上班。随后，我们看到浩克在和美国军队的直升机打斗中被击中不断下坠。透过特写镜头，我们看到浩克惊恐的脸。随后在一片模糊不清中，电影镜头转回到了正在雾气腾腾镜子面前刮胡子的布鲁斯·班纳。这些电影镜头联结紧密，似乎刚刚发生的一切不过是布鲁斯在镜子前的一场幻想。之后我们看到布鲁斯伸手擦干净镜子，而同时浩克也在做着相同的动作。突然，浩克用手打碎了镜子，一把扼住了布鲁斯的喉咙，用刺耳的声音说："渺小的人类。"随后，镜头再次转到浩克从空中下坠落入海中的场面。这样的一段镜头让很多观众十分疑惑，很难分清究竟是布鲁斯变成浩克所发生的故事，还是浩克正在看着故事里的布鲁斯。究竟谁是主体谁是客体？是布鲁斯的主体产生了浩克，还是浩克的主体产生了布鲁斯？

通过这段镜头语言，导演李安向我们揭示了浩克和布鲁斯·班纳的身份认同问题。拉康认为，镜子使我们和自己分离。为了认识自己，我不得不与我自己分离。随着身份界限的形成自然产生分离，镜子里的形象被看作是"他者"。分离产生了缺失感，以及人们一生都在寻找与自我合二为一的完整愿望。① 浩克和布鲁斯是同一个个体分裂而成的两个实体，他们彼此都将对方视为"他者"，同时各自都感觉到缺失，缺乏归属感。布鲁斯通过镜子看到了浩克是如何看到自己的，反之也成立。浩克和布鲁斯是同一具身体里的两种力量。当贝蒂希望治疗布鲁斯童年的创伤，将浩克变回布鲁斯，父亲大卫·班纳却希望布鲁斯一直是浩克。电影一直在浩克和布鲁斯这两个身份之间打转，但是最后依然悬而未决，卡在裂隙中间。

---

① Lacan J., "The mirror stage", Paul du Gay, Jessica Evans and Peter Redman eds., *Identity: A Reader*, London: Sage, 2000, pp. 44-45.

第五章 从"超级英雄"到"中国侠客":《绿巨人浩克》中的男性气质解读

布鲁斯/浩克的双重身份仿佛是华裔美国男性的边缘身份隐喻,他们长期以来被夹在美国和中国主流文化之间,无处可以安身,甚至被称为"酷儿"。裂缝中的位置最终也导致了男性身份的撕裂和无力。浩克最后的选择似乎是导演李安给出的另外一种身份建构的可能性,即间隙意味着权力而不是撕裂。浩克没有成为美国超级英雄,也体现出对儒家伦理的反叛,他是一个忠于自我的自由灵魂,是新的政治和文化语境下的侠客。在这种意义上,绿巨人浩克便成为华裔美国男性的身份政治隐喻——接受自己夹缝中的身份,在文化界限中享受自由。在影片结尾,丛林里生活的布鲁斯/浩克暗示着他最终在裂隙中获得了自由,成为不受边界限制的英雄。他不必选择是用布鲁斯还是浩克的身份进行生活,相反,两种身份意味着面对丛林生活时的灵活优势。布鲁斯/浩克可以撤回到丛林开始新生活。但是现实生活中呢?对于华裔美国男性来说,他们的裂隙位置是否能够帮助他们冲破两种主流文化,构建新的自由身份?

第三节 "跨不同"视野下对边缘性男性气质的反思

浩克和布鲁斯就像一枚旋转着的硬币的两面,对其中任何一面的言说都意味着同时对另一面的压制。这样的情形在"跨不同"理论中得到了充分的阐释:

> 个体经历中的"跨不同"——属于多种不同的群体但是在任何群体中都找不到归属感,或者,生活在归属的裂隙中——长期以来都被认为会导致悲剧,以及盖上耻辱的"杂种"的标签或者被边缘化等等,现在可以被看作是一种帮助个体获得解放的有利条件……因此,在呈现一个多重而零碎的身份时,清楚地表达这种"跨不同"

经历，可以被看作是一种争取解放和个性化的努力。①

很明显，影片中浩克/布鲁斯撕裂的身份最终似乎成为其获得解放的有利条件。结尾布鲁斯/浩克摆脱了美国社会的束缚，最终得以在美洲丛林成为除恶扬善的英雄人物。这表明浩克在美国社会的边缘化位置反而帮助其构建新身份和融入新群体，并最终实现了一些跨文化研究学者呼吁的跨文化身份建构的最终理想，即"没有任何基础的新团结"（groundless solidarity）。② 美洲丛林的英雄浩克是无国界的英雄，也没有了身份撕裂的焦虑和痛苦。但是这样的结尾难免是一种乌托邦式的想象。

对于华裔美国男性而言，他们的间隙位置（interstitial position）有可能使个体更容易从文化和性别本质主义观念中解放出来，寻求个性化的男性气质建构。但是"考虑到人们对社会其他人的依赖形式和程度，人们其实无法自由选择，我们也有理由认为，表达'跨不同'立场的机会是以高度不对称的方式分布的"。也就是说，这种由间隙位置带来的优势也可能会受到文化和政治等多种因素的影响而最终被超越或者被抵消。美国社会不能忍受布鲁斯/浩克这一异类人物的存在，他要么服从要么被毁灭。美国军方从沙漠到海洋，即使超出美国领土范围，也坚持一路追赶、消灭浩克。即使是最后浩克隐匿的美洲丛林，也并非是自由的乌托邦。强盗的欺凌似乎暗示着那里也存在权力的纷争，"跨不同"立场的自由远远超出了个人可以达到的范围之外。

小 结

《绿巨人浩克》是导演李安在美国超级英雄题材下对性别和种族的另

---

① Breinig Helmbrecht and Klaus Lösch, "Transdifference", *Journal of the Study of British Cultures*, 2006, p. 117.

② Breinig Helmbrecht and Klaus Lösch, "Transdifference", *Journal of the Study of British Cultures*, 2006, p. 117

第五章 从"超级英雄"到"中国侠客":《绿巨人浩克》中的男性气质解读

类书写。影片是对美国超级英雄想象的戏仿和颠覆,同时也在跨文化语境下注入中国侠文化进行重写。超级英雄形象里身体作为重振男性雄风的赋权手段,以及将女性作为"他者"构建英雄气概的策略都失效了,女性成了拯救者而不是被拯救者。正义与邪恶的二元对抗被儒家伦理下的父子关系所替代。这样暧昧的边界书写动摇了超级英雄形象中的霸权性男性气质内涵,也造成了传统超人形象主体性的消弭,为跨文化的新解读提供了可能性。中国文化中侠客形象和精神的注入使浩克的英雄主义在新语境下得到新阐释,打破了美国文化对中国英雄主义的狭隘理解。身体从来就不是中国文化里理想男性的最显著标志,"侠"的道德品质才是理想男性气质的体现。此外,贝蒂和浩克的关系也打破了超级英雄范式下的性别不平等,展现出女侠的特质和一定程度的性别翻转。李安电影中的绿巨人浩克是对美国超级英雄所代表的主流文化的颠覆,其"侠客"精神内核也是对中国儒家伦理规范的反叛,布鲁斯/浩克撕裂的身份更是对华裔男性处于两种主流文化间隙中的边缘性男性气质身份隐喻。尽管影片结尾以乌托邦的想象对这种边缘性身份进行了赋权,暗示其建构新身份的可能性,但是这种自由选择对处于纷繁权力关系中的普通个体而言依然遥不可及。

结　语

　　本书分析了李安是如何采用中美双重文化视角在具体语境下书写男性和多样化的男性气质形态，挑战"世界性别秩序"中不平等的性别范式，唤起了跨文化语境下对男性气质互动交流的解读，抨击强加于个体之上的霸权性男性气质规范的。由此，李安不仅强调我们应该在不断变化的历史文化语境下理解男性气质的流动性和多样性，而且应关注在这种多元理解下产生跨文化"誊写"的新意义。本书表明在多元男性气质的跨文化互动中，个体男性身份在重构历程中可能获得解放或者被压制。对于电影中的中美男性人物而言，本土文化中的某些特质在跨文化身份建构中失去了效用，部分特质在互动中发生了变化，还有一些特质则得到了强化。笔者通过对李安电影文本中出现的与男性气质相关的核心概念进行总结，以探究李安的男性气质观点以及多元建构策略。

一　核心概念

"文—武"

　　李安在《推手》中通过"文—武"范式确立了西方框架之外的中国传统男性气质模式。"老朱"是文武双全的理想男性化身，一方面打破了美国主流社会对中国男性的同性恋污名化，以及阴柔的刻板印象，为观众提供了中国本土语境下解读男性气质的可能性。另一方面，这种"文—武"男性特质在跨文化语境下的父子关系和男女关系中受到了挑战和冲击，"文"丧失了文化品位的追求，转而强调经济成功，而"武"

则摒弃了传统文化中对性欲望的控制和对女性的排斥。由此，李安展现了变化中的"文—武"男性理想，并将其作为重要手段为本土化的中国男性气质发声，同时又避免落入本质主义的陷阱。

孝顺

作为中国男性气质的重要标志，孝顺在李安的男性气质概念中十分重要，是多部电影探讨的议题。《推手》展现了中国孝道和美国个人主义之间的冲突。儿子朱晓生需要在中国文化传统中秉承孝道，承担起赡养父亲"老朱"的义务，但这个责任和美国文化强调的个人主义以及妻子和儿子的小家庭需求产生了冲突。父亲"老朱"的"家长"身份在和儿子儿媳的互动中逐渐瓦解，最终选择一个人在中国城居住。电影对"老朱"的描绘充满了同情和理解，通过想象性的喜剧结尾，展现了李安对中国文化传统在解决冲突，维持家庭和谐上的赞赏态度。《喜宴》中展现了以孝顺为核心的儒家伦理与同性恋男性身份之间的冲突。影片通过中国女性威威怀孕延续高家血脉最终解决了两者之间的冲突，并由此揭露了华裔女性在华裔男性跨文化身份重构的过程中被剥削的事实。在美国超级英雄语境中，孝顺给个体身份带来的压抑依然是《绿巨人浩克》探讨的重要问题。浩克最终通过与权力熏心的父亲决裂，以及具有反叛意识的英雄主义行为确立了不为任何社区捆绑的自我身份。从情感上的依恋到犹豫再到彻底斩断，李安不断审视孝顺这一特质在男性身份建构中的作用，反思其在跨文化身份构建中可能存在的积极价值。

女性/女性气质

李安对女性气质在男性身份建构中的运用证明了黄卫总（Martin Huang）总结的两种男性身份建构策略，即"差异策略"和"类比策略"。一方面，李安电影中的男性有刚柔并济的特质。《推手》中的父亲"老朱"是一位敏感慈爱的父亲，在养育儿子的过程中既是父也是母；《绿巨人浩克》中的布鲁斯/浩克既是拥有超人力量的英雄，又是情感细腻脆弱需要被拯救的孩子。另一方面，一些男性人物也通过排斥女性特质以彰显男性阳刚之气。《断背山》中的恩尼斯在妻子艾玛的女性注视下展现武力甚至暴力；《喜宴》中华裔男性伟同健壮的身体和白人男性赛门女性化的特质形成鲜明对比。李安对"差异策略"的使用是对西方性别范式中男/女、同性恋/异性恋等的戏仿，而"类比策略"则是对前现代中国流动性别概念的展示与表达。因此，通过否定男性气质和女性气质的二元对立建构，李安表达了一种具有灵活性和流动性的男性气质观点。

恐同主义

李安从不同视角抨击恐同主义对于个体男性气质构建所带来的认知偏差和人格伤害。《喜宴》中李安引入中国前现代文化下的双性观念对异性恋霸权进行解构，华裔男性伟同的性取向在同性恋与异性恋、男性特质与女性特质之间悬置，表现出模糊性和流动性。《断背山》中李安通过对男性同性社交和亲密关系的描绘挑战了恐同主义，同时质疑将异性恋作为男性气质构建的决定性因素。他用儒家思想中理想男性君子对欲望的克制来审视同性性欲，认为无论是同性性欲望还是异性性欲望都应该被控制在适度的范围，以达到修身养性的目的。由此，李安不仅打破了异性恋霸权，而且重新审视了西方社会推崇"酷儿"理论以实现性别解放的策略，因为性别解放可能成为一种新的性别霸权。因此，通过对同性关系的跨文化理解，李安有效避免了对同性恋的简单化处理，而是将其放置到具体的历史文化语境中加以考察，通过双重文化审视以达到颠覆异性恋霸权和抨击恐同主义的目的。

身体

身体在中西男性气质理想中表现迥异。在中国古代，尤其是儒家性别观念中，身体是完全缺失的。但是在西方文化中，身体一直以来都是性别表达的主要方式，年轻、健康和肌肉的身体代表的是理想的男性气质。李安电影十分注重从身体层面构建人物男性气质。《推手》中"老朱"的男性气质多次通过手部动作进行展示。对按摩双手的特写凸显了"老朱"对常太太的男性欲望；而儿媳玛莎对"老朱"诊脉的手部动作十分排斥，暗示了其传统男性气质所遭遇的挫败。《喜宴》中李安对华裔同性恋男性伟同在健身房锻炼的身体肌肉进行特写，并将白人男性赛门的身体女性化处理,以此颠覆白人美国主流社会中白人男性和华裔男性的权力不平等。此外,伟同的身体也作为模糊性别建构的策略,打破西方性别范式中同性恋和异性恋之间的二元对立。《断背山》中李安弱化了对杰克和恩尼斯的同性性关系描绘,反而在骑马牧羊、野外射击以及斗牛技艺中强调他们强健的身体所展现的牛仔阳刚特质。如果说李安在《推手》《喜宴》《断背山》三部电影中将身体作为构建男性气质的手段,那么在《绿巨人浩克》中他打破了以身体变形实现男性建构理想的超级英雄幻想。普通人布鲁斯变身绿巨人浩克并没有实现男性赋权,却让其成为一个需要被拯救的、脆弱敏感的绿色怪物。从超越了身体捆绑的侠文化角度去理解浩克,我们则发现李安表达了另外一种形式的男性英雄主义——一种建立在道德品质而不是身体暴力之上的英雄主义。总而言之,李安从双重文化视角审视男性身份构建中的身体,弱化了身体在西方性别范式中对男性气质构建的决定性作用。

社会责任意识

李安对处于冲突挣扎中的男性表现出很大兴趣,尤其注重刻画个人欲望和社会责任之间的冲突。《推手》中朱晓生在维护个人小家庭的意愿和赡养父亲的责任中纠结;《喜宴》中伟同在完成传宗接代的家庭责任和同性恋个体自由身份之间挣扎;《断背山》中杰克和恩尼斯在构建牛仔身份和同性亲密关系之中拉扯;《绿巨人浩克》中布鲁斯则在成为普通人还是超级英雄之间撕裂。受到儒家"中庸"思想的影响,李安在两种冲突力量中小心地维持着平衡。一方面他批判儒家伦理过度强调家庭社会责任给个体造成的压抑,另一方面他又强调社会责任意识对于构建男性身份的重要性。在电影人物中,朱晓生最后通过购买大房子和父亲同住暗示了他最终对中国孝道的回归;伟同在意外中使华人女性威威怀孕,戏剧般地完成了中国传统中延续后代的责任;恩尼斯克制自己对杰克的感情,承担起父亲和丈夫的职责;布鲁斯最后接受了自己的超级英雄身份,在美洲丛林中锄强扶弱。这些结局清晰地表明李安对社会责任意识在男性气质构建中的赞同。

二 李安电影的男性气质构建

从以上男性气质关键词在影片中的梳理可以看出李安通过电影人物展现出的非本质主义性别意识，男性气质构建不一定意味着对女性和同性恋的排斥。李安的作品展现了他对男性气质灵活性和流动性的理解。男性气质是在实践中确立的而并非由生理性别、性取向或者某些特质所决定。

李安出生在一个传统的儒家家庭，深受儒家思想的浸润，成年后赴美留学又受到美国文化的影响。在李安的生活中，个人自由与父亲意志、中国文化与西方文化之间的张力始终贯穿其中。李安在学生时代就表现出杰出的电影天赋，毕业后却在家赋闲六年，靠妻子养活。他从独立制片开始，最后成为好莱坞和华语影坛最著名的导演之一，电影之路跌宕起伏。由于其特殊的性别和文化身份与人生经历，李安电影十分关注戏剧冲突下的美国华人，尤其是华人男性的生存经验和身份认同。李安通过探究全球化时代民族文化身份和男性气质焦虑的形成，不断反思中国文化传统在当代世界可能存在的积极价值。如何建构全球化时代的华人男性气质和身份认同，使他们从男性身份的危机中走出，成为世纪之交李安电影不断思考和解决的重大问题。

李安深刻意识到男性气质建构这一主题的矛盾性、复杂性和艰巨性，在对这一主题的处理上既表现出儒家思想的哲学智慧，也展现出对西方现代文明的接纳和反思，他对华人男性气质采取的是一种实践性的多元建构策略。李安将华裔男性置于戏剧化的文化冲突之下，一方面展现父亲及其代表的秩序给儿子所带来的压抑，以及儒家人伦秩序在全球化冲击下的松动与瓦解；另一方面也在创作中将男性气质的建构放在对传统的深刻理解、父性的回归、秩序的重构等实践过程中。

针对华人男性被白人种族主义者打压和被主流媒体歪曲再现现象，李安一方面试图瓦解白人男性气质神话，另一方面注重对中国传统文化中性别内涵和男性气质的深刻理解和挖掘。李安汲取了中国传统文化的

结 语

内核，发扬其在促进当代性别认知和个体身份建构中的积极意义。对于因长年生活在"白色恐怖"之下而被剥夺男性气质的华人男性而言，重新发掘自身文化传统重建个体男性气质有着重要意义。同时，李安将在中国文化传统中理解和建构的男性气质与男权文化下的"霸权性男性气质"划清了界限，摒除了其中蕴含的对女性或者他者的征服、控制、支配等暴力因素，强调对自我的约束和对社会的责任担当。这种对传统性别概念和男性气质的建构不仅能够有效打破西方性别霸权，痛斥顽固的种族主义者，矫正对华人男性形象的歪曲和片面的表达，也有利于华人男性的自我反思。此外，李安也十分警惕，以免在弘扬传统时落入本质主义的陷阱，他将传统置于文化的冲突之下，不断审视其对个体可能存在的压抑以及在当代面临的挑战，思考其转变的可能性。另外，李安对处于边缘位置的华人男性气质的书写告诉广大华人男性和所有在主流社会中被边缘化的群体：种族歧视、性别歧视等各种不公依然客观存在，在这种情况下，对华人男性气质本土化的发掘和重构可以打破西方白人优越论神话，重新获得话语权。

在对李安电影中华人男性气质建构策略的分析过程中我们发现，李安在私人空间，尤其是人伦关系中强调个体品德，将对道德伦理的强调放到了重要位置上。家庭一直是李安观察文化和社会的窗口，这也是本书在理论框架部分重点梳理儒家人伦关系中的男性气质建构，以及将两性伦理和父性回归始终作为分析重点的原因。但是很明显，李安在华人男性气质重构中并没有一味强调儒家伦理秩序的重建，而是始终强调道德规范与个人自由之间的张力和平衡。对于儒家传统人伦规范，李安始终保持批判反思的态度。无论是《推手》还是《喜宴》，李安都拒绝像经典情节剧一样在一种清晰的道德体系内重建父亲的男性身份。而在《绿巨人浩克》和《断背山》中，李安的价值立场则更加模糊，释放了很大的阐释空间。唯一不变的可能是李安的内省精神，这也是其"君子"人格的体现。《推手》《喜宴》《绿巨人浩克》是他对儒家父子关系的审视，检视了他自己在东方与西方、传统与现代之间的迷惑与纠缠。《断背山》是他对浪漫感性的渴望，是真实自我的揭露，也是对社会责任的反思。

我们在研究中发现，虽然李安电影中建构的男性气质已经超越了传统男权文化以及性角色观念对男性气质的种种局限，但是其性别角色依然不能被完全抹杀。女性在华人男性气质建构中的参与是不容忽视的。《推手》中美国白人儿媳玛莎在与"老朱"的文化冲突中，削弱了他传统男性气质的权威性，促使"老朱"放弃对儿子绝对服从的要求，在妥协中重构男性气质。《喜宴》中威威的女性形象让我们看到华人男性在身份重构中对华人女性可能存在的性别压迫和剥削。《断背山》中艾玛的经历展现了同性恋形婚家庭中女性的悲剧命运。在男性气质的建构中，女性始终在场，并发挥着对男性气质建构的批判性功能。一方面，这可以促使女性对男权文化进行反思，帮助她们摆脱性别压迫，正确认知性别身份。另一方面，通过女性叙事策略建构起来的男性气质融合了两性视野，对两性伦理的建构有着更为直接的启示。

私有空间的男性气质反思和道德伦理建构的重要内容是父性的回归。李安电影中挥之不去的父子关系情节是他对中国文化传统反思的直接体现。《推手》《喜宴》探讨的是父亲及他代表的象征秩序所带来的压抑，而《绿巨人浩克》表现的则是秩序瓦解、父亲形象幻灭所带来的悲剧。儒家父子关系下"父"与"子"之间存在的压抑给华人男性的个体身份建构带来束缚和阻碍，但是父子关系解体所带来的则是更大的悲剧。这反映了李安一贯的儒家中庸立场：既反抗父亲和家庭又不愿意家庭彻底解体、父亲彻底缺失；既反抗传统又不愿意完全推翻传统。也许正如我们在影片中看到的那样，如果男性无法承担作为父亲的责任，那么他根本无法成为一个真正的男子汉。

华人男性的身份建构与其政治身份和文化身份不可分割。如何处理政治身份和文化归属的问题？李安电影中的男性形象实现了对这个问题的超越。无论是中国还是美国文化都不能成为束缚个体的性别规范。但是中国文化传统无疑是有效抵制西方商业价值观和种族优越论的有效武器，对华裔男性气质建构有着不可或缺的积极意义。培养华人对中国文化传统的认同感可以增强文化归属感，帮助个人走出政治身份的困惑。李安电影的成功也依赖于他本人将中西文化的巧妙融合所形成的独特个人风格。电影《推手》中他通过疏离了华人传统的餐厅老板与坚守文化传统的太极拳师傅"老朱"之间的男性气质对比让我们看到：中国传统文化是构成华人个体精神家园的重要因素，也是个体的安身立命之本。疏离了自身的文化传统，对西方文化不加选择的媚从会让自己丧失心灵力量，最终沦落为边缘人，无法构建男性气质。李安电影通过对父子和两性关系的多方面讨论让我们感受到中国儒家文化传统在解决家庭危机维护关系和谐方面所具有的积极价值。可以说，李安电影在这方面做出的巨大贡献就在于他从男性气质建构层面上对美国白人主流文化和中国文化传统的批判性反思，超越了用某种特定文化规范去限制个人的身份建构。

李安电影中所展现出来的另一颇具智慧的思想是对男性气质建构中责任意识的强调和对"君子"品德的推崇。相对于过分强调个人主义的美国白人文化而言，这种颇具中国文化传统的伦理价值让华人男性气质建构获得了超越性。美国华裔历史是一段让华人不堪回首的屈辱历史，也是一部华人争取平等的血泪史，历史的创伤让很多华人男性失去了抗击种族歧视制度、争取合法权利和承担责任的勇气，使其男性气质与男性身份处于被阉割的危机中。因此，如何面对历史的创伤和未来的发展是华人男性气质建构无法回避的问题。李安电影一方面通过戏仿反讽等手段颠覆西方白人中心主义的霸权性男性气质，帮助华人男性走出创伤；另一方面批判性地从中国文化传统汲取有利因素帮助他们重建男性气质。更进一步，李安对责任意识的强调超出了华人男性气质的身份建构，将其上升到普世价值的伦理范畴，并对其进行了辩证性思考。一是，通过对父子冲突的描绘，对儒家人伦规范中保守、僵化和压抑的方面进行揭露和批判。这些消极因素是华人个体男性气质建构的阻碍，也无法帮助个人在现代社会获得更好的发展。二是，李安通过对父亲形象中所表现出来的坚定、牺牲、宽容、担当等特质的书写，肯定了中国文化传统，尤其是儒家传统存在的积极精神价值。三是，李安在《绿巨人浩克》《断背山》等英语片中也融入了对英雄责任、个体担当的思考，破除了白人中心主义和异性恋种族主义的神话，从更符合人性和现实关怀的角度肯定责任意识在个体男性气质身份建构中的重要意义。

通过本书五个章节的论证与分析，我们发现，李安世纪之交电影中所建构的男性气质无论是在内涵还是外延上都打破了西方性别范式和霸权性男性气质的局限。这种摒弃了支配、征服、控制、暴力等消极因素，汲取了儒家君子理想品格，超越文化界限，强调责任担当的男性气质是所有男性实现解放与救赎的精神力量。

三 结论与展望

本书聚焦分析的四部电影时间跨度从从1992年至2005年，在这短短的13年中，中国社会在政治、经济、文化层面都发生了很大的变化，经历了改革开放、进入全球化舞台的各种挑战。20世纪90年代以来随着进一步的经济改革，一方面中国进一步深入全球化浪潮，全球化在一定程度上带来了文化繁荣，也带来了对"中国性"的质疑和侵蚀，包括对中国男性气质的挑战；另一方面，中国在经济、政治和军事力量上的提升也增强了中国人民的"民族主义意识"，迫切希望回归乃至传播优秀的文化传统。[①]李安的电影尽管和中国大陆在全球化历程中探索现代性别身份的路径有所不同，但也反映了这一时期性别和男性气质语篇发生的复杂深刻的变化。20世纪90年代的李安电影对中美之间的文化冲突表现出关切，质疑西方性别范式在世界上的霸权地位；21世纪初的李安电影则更多注重颠覆和解构美国霸权性男性气质规范，"回归"中国文化传统以重建男性气质。但这种回归不是对中国传统男性气质理想的吹捧，而是反思在文化互动中如何在改变和回归之间取得平衡以适应新语境。正如

[①] Song Geng and Derek Hird, *Men and Masculinities in Contemporary China*, Leiden: Brill, 2014, p. 11.

结　语

《断背山》中李安对恩尼斯展现出来的君子男性特质的肯定不仅是对儒家传统的反思，而且是对西方性别解放路径是否能在中国语境下适用的重新审视。

本书可能会在以下几方面丰富和拓展"批判性男性气质研究"。首先，有助于纠正西方社会对中国男性和男性气质认识的偏差，打破西方中心主义的霸权性男性气质，为中国男性和男性气质发声。长期以来中国男性在西方男性气质神话面前被贬低，被认为阳刚之气不足。然而，认识到男性气质的历史和意识形态建构，我们便能看清其中复杂的权力不平等关系——中国男性不如西方男性阳刚不过是殖民话语的又一产物。[1] 在全球化时代，打破这种权力不平等，对于跨文化互动中理解性别和男性气质的形塑具有重要意义，而李安对中国男性和华裔男性的描绘正是在跨文化语境中对中国男性气质复杂性的捕捉和书写。从后殖民主义角度看，李安电影提供了"本土化的知识"为中国男性发声，电影中的人物则是对跨文化语境中男性气质权力的重塑。

其次，李安电影中的中美男性形象都超出了某一孤立的文化范畴，在更广阔的历史语境中展现出跨文化互动。由此，"全球化历史和当代全球化"得以进入李安电影中的男性气质形塑，表现出地方性和全球化之间的交流。这个过程不是中国西化的过程，而是两者发生了互动性的变化，并产生了新意义。比如《断背山》中恩尼斯的男性身份同时展现了美国牛仔的阳刚和儒家君子的风范。布鲁斯/浩克则融合了美国超级英雄和中国侠客的特质。

最后，跨文化视角的解读让本书更充分地体现出男性气质互动中的复杂性，以及在互动中通过"誊写"作用所产生的新意义。笔者研究发现个体男性在跨文化空间身份建构中所面临的困境远远多于跨国主义理论所强调的个体解放和"世界公民身份"。尽管文化互动中，差异可能被缩小或者悬置，但却无法被完全克服。李安电影中的男性主体主要通过

---

[1] Song Geng, *The Fragile Scholar: Power and Masculinity in Chinese Culture*, Hong Kong: Hong Kong University Press, 2004, p. 8.

跨文化空间里的男性气质互动

三种方式重构男性气质。第一，个体男性通过归属一种文化传统重构男性气质。比如《推手》中的太极拳师傅"老朱"最后回到中国城，在太极课堂上找回失落的男性自尊。第二，个体男性拥抱文化差异，在跨文化空间重构模糊的男性气质身份。例如《喜宴》中伟同最后完成了儒家伦理中的家庭责任，同时也维持着和同性恋人之间的关系，展现了同性恋和异性恋、中国人和美国人之间的模糊身份建构。第三，个体男性可以超越文化界限建构跨文化男性气质。笔者对《断背山》中恩尼斯以及《绿巨人浩克》中布鲁斯/浩克的跨文化解读正是用这种想象性的方式建构了超越文化界限之后的自由男性气质身份。但是，恩尼斯最后因为杰克的死而陷入终生的痛苦，而布鲁斯/浩克最后在美洲丛林的生活终究只是乌托邦的想象。这种超越文化界限构建个体男性身份的图景依然缺乏更具体明晰的实践。

此外，本书通过分析李安世纪之交电影中的男性气质书写重新审视了中国传统文化，尤其是儒家文化在个体性别身份建构以及促进两性和谐等方面可能存在的积极意义，是对中国传统文化当代价值的积极探索。李安世纪之交的电影十分关注中美文化冲突，具有明确的全球化和跨文化意识。在李安看来，全球化、现代化绝不是西方范式的普遍化。他在电影中对异性恋霸权、白人中心主义等西方性别规范的挑战与颠覆体现出对全球化时代西方文化一元化的强烈批判意识。经济全球化并不意味着民族性的消解，也并不意味着前现代文明的价值已经消失殆尽。李安电影中对中国本土化男性气质的书写提醒我们应该重新认识自己的文化传统，发掘被西方遮蔽的本土化性别话语。他对儒家父子关系、两性伦理的不断探究告诉我们应该批判性地看待中国传统文化，尤其是儒家伦理在个体性别身份建构中的复杂性，充分挖掘其可能存在的积极价值。这样才有助于自己民族的现代化和世界化，也有助于人类文明的多层面开拓。

第一，中国传统的阴阳性别观有助于打破西方异性恋性别霸权、破除性别二元对立思维以及维护两性和谐。美国男性气质作为与女性气质相对立的概念而存在，是建立在对他者，尤其是女性的排斥和抵制基础上的。① 这一点也被康奈尔等社会学家反复强调。从这一层面上说，男性气质是维护性别等级秩序的有效工具，与父权制、性别歧视、厌女症等不良现象是"同谋"。另外从性取向来看，以异性恋为标准的男性气质建构还建立在对同性恋的贬斥和压制基础上。李安电影中对中国前现代阴阳性别观的引入与探讨让西方观众得以从不同视角重新思考同性恋与异性恋、男性与女性等性别关系，拓展了观众的性别认知视野，在反思男权文化、建构和谐两性伦理上具有深远意义。

第二，儒家文化中对人伦关系的强调既存在压抑个体人性的一面，也可以在一定程度上化解现代化过程中个体性别身份建构的危机。建立在西方个人主义基础上的男性气质往往强调竞争，凸显个体的独立性，但这也往往容易导致价值和道德观念的下滑、家庭结构的解体、性关系的混乱等一系列危机。李安在电影中反复探讨的父子冲突背后其实是社会规范和个人自由之间的矛盾。但是李安并没有夸大自由的好处，而是十分审慎地思考了父亲所代表的规范以及其背后的深层次意义。《推手》《喜宴》探讨了父亲所代表的秩序所带来的压抑，但是这种压抑并不足以让他解构父亲形象和传统伦理，让父亲"面临人性的挣扎"，"让大侠受到伦理的挑战"②是李安电影的一贯主题。儒家人伦关系中建立的家庭凝聚力和安全感，也是李安不舍放弃的传统文化价值，尽管其中蕴含着妥协与无奈，但《推手》《喜宴》都算是大团圆式的结局，体现着李安对儒家传统伦理一定程度上的守护。

第三，君子理想男性气质代表的儒家道德中的理想主义，对于全球化过程中人们过分追求个人主义、金钱至上功利化的价值取向具有一定的调节作用。由于对外在因素的看重以及对内在道德品质的淡化，西方男性气质的建构与实践主要体现在对权力、财富、性能力甚至暴力等外

---

① Kimmel Michale S., *Manhood in America: A Cultural History*, 2nd ed., New York: Oxford University Press, 2006, p.30.
② 张靓蓓编著：《十年一觉电影梦：李安传》，人民文学出版社 2007 年版。

在因素的拥有与追逐。此外，他者导向性的现代男性气质也不可避免地具有表演性和虚伪性。① 而儒家文化中的"仁学"精神和以君子为理想人格的男性气质突出了对内在道德品质的强调，这对于破除对霸权性男性气质的迷思，促进从生命体验出发建立健康的性别身份无疑具有积极意义。

第四，本书对世纪之交的李安电影经验的分析在一定程度上对中国文化"走出去"进行了实践层面的反思。李安是一位具有鲜明个人风格的电影导演，他的电影投射着他对人性、家庭、社会、历史和文化的独特理解。反复接近、触摸、反思自己的中国传统文化根基是李安电影的显著特点。李安不断向中国传统文化、儒家伦理、中国式父亲发问。他说，"我所做的是对中国传统伦理价值和道德规范进行一个解构者的试练"②。李安在解构中国文化传统的过程中充分表达了自己的文化背景和精神人格，也成功向世界传播了中国文化。李安的态度是批判的，但是感情却是温和的，他崇尚自由的价值，却也始终不忘责任的担当。

---

① 隋红升：《非裔美国文学中的男性气概研究》，浙江大学出版社 2017 年版。
② 白睿文：《光影语言：当代华语片导演访谈录》，刘祖珍、刘俊希、赵曼如等译，麦田出版、城邦文化事业股份有限公司 2007 年版。

参考文献

Adams Rachel and D. Savran, *The Masculinity Studies Reader*, Blackwell Pub., 2002.

Altenburger Roland, *The Sword of the Needle: The Female Knight-errant (xia) in Traditional Chinese Narratives*, Bern: Peter Lang AG, 2009.

Armengol Josep M., *Embodying Masculinities: Towards a History of the Male Body in U.S. Culture and Literature*, NY: Peter Lang Publishing, 2013.

Armengol Josep M., *Men in Color: Racialized Masculinities in U.S. Literature and Cinema*, Cambridge Scholars Pub., 2011.

Arnaudo Marco, *The Myth of the Superhero*, Jamie Richard trans., Baltimore: The Johns Hopkins University Press, 2013.

Baker Brian, *Masculinity in Fiction and Film: Representing Men in Popular Genres 1945-2000*, MPG Books Ltd., Bodmin, Cornwall, 2006.

Barlow Tani E., *The Questions of Women in Chinese Feminism*, Durham, NC: Duke University Press, 2004.

Barsam Richard and Dave Monahan, *Looking at Movies: An Introduction to Film*, New York: W. W. Norton, 2010.

Bhabha Homi K., *The Location of Culture*, London: Routledge, 1994.

Bingham Dennis, *Acting Male: Masculinities in the Films of James Stewart, Jack Nicholson, and Clint Eastwood*, Rutgers University Press, 1994.

Bossler Beverly, *Gender & Chinese History: Transformative Encounters*, Seattle and London: University of Washington Press, 2015.

Bourdieu Pierre, *Masculine Domination*, Richard Nice trans., Cambridge, UK: Polity Press, 2001.

Brownell Susan and Jeffrey N. Wasserstorm, *Chinese Femininities/Chinese Masculinities: A Reader*, Berkeley and Los Angeles: University of California Press, 2002.

Butler Judith, *Gender Trouble: Feminism and the Subversion of Identity*, New York: Routledge, 1990.

Campbell Joseph, *The Hero with a Thousand Faces*, Princeton: Princeton University Press, 1949.

Carroll Bret, ed., *American Masculinities: A Historical Encyclopedia*, California: California State University, 2003.

Chambliss C. Julian, William Svitavsky and Thomas Donaldson, *Ages of Heroes, Eras of Men: Superheroes and the American Experience*, Cambridge Scholars Publishing, 2013.

Cheung K., *An Interethnic Companion to Asian American Literature*, New York: Cambridge University Press, 1997.

Chin F., J. P. Chan, L. F. Inada, and S. H. Wong. eds., *Aiiieeeee! An Anthology of Asian American Writers*, Washington, DC: Howard University Press, 1974.

Connell R. W., *Masculinities* 2nd ed., Berkeley: University of California Press, 2005.

Connell R. W. and Rebecca Pearse, *Gender: In World Perspectives*, Polity Press, 2015.

Coogan Peter, *Superhero: The Secret Origin of a Genre*, Austin, TX: Monkey Brain Books, 2006.

Däwes Birgit, *Native North American Theater in a Global Age: Sites of Identity Construction and Transdifference*, Heidelberg: Winter, 2007.

Dawson Miles Menander, *The Ethics of Confucius*, University Press of the Pacific, 2005.

Denison Rayna and Rachel Jackson, *Superheroes on World Screens*, University Press of Mississippi, 2015.

Dilley Whitney Crothers, *The Cinema of Ang Lee: The Other Side of the Screen*, London: Wallflower Press, 2007.

Edwards Tim, *Cultures of Masculinity*, London: Routledge, 2006.

Elsaesser Thomas and Malte Hagener, *Film Theory: An Introduction Through the Senses*, New York: Routledge, 2010.

Eng David L., *Racial Castration: Managing Masculinity in Asian America*, Durham: Duke University Press, 2001.

Gibson Mel, David Huxley and Joan Ormrod, *Superheroes and Identities*, Routledge, 2015.

Halberstam Judith, *An Introduction to Female Masculinity*, Durham and London: Duke University Press, 1998.

Hinsch Bred, *Passions of the Cut Sleeve: The Male Homosexual Tradition in China*, Berkley: University of California Press, 1990.

Hinsch Bred, *Masculinities in Chinese History*, Lanham, Maryland: Rowman & Littlefield publishers, Inc., 2013.

Huang Martin, *Negotiating Masculinities In Late Imperial China*, Honolulu: University of Hawaii Press, 2006.

Jackson Ronald L. and M. Balaji, *Global Masculinities and Manhood*, University of Illinois Press, 2011.

Kimmel Michael S., *Manhood in America: A Cultural History*, New York: The Free Press, A Division of Simon& Schuster Inc., 1996.

Kimmel Michael S., Jeff Hearn and Raewyn Connell, *Handbook of Studies on Men & Masculinities*, Thousand Oaks, Calif.: SAGE publications, 2005.

Louie Kam, *Critiques of Confucius in Contemporary China*, HK: Chinese University Press, 1980.

Louie Kam, *Theorising Chinese Masculinity: Society and Gender in China*, Cambridge: Cambridge University Press, 2002.

Louie Kam, *The Cambridge Companion to Modern Chinese Culture*, Cambridge University Press, 2008.

Louie Kam, *Chinese Masculinities in a Globalizing World*, Routledge, 2015.

Martin Fran, *Situating Sexualities: Queer Representation in Taiwanese Fiction, Film, and Public Culture*, Hong Kong: Hong Kong University Press, 2003.

Mills Anthony, *American Theology, Superhero Comics, and Cinema: The Marvel of Stan Lee and the Revolution of a Genre*, Florence, KY, USA: Taylor and Francis, 2013.

Said W. Edward, Orientalism, New York: Vintage Books, 1978.

Sheldon H. Lu, *Transnational Chinese Cinemas: Identity, Nationhood, Gender*, Honolulu: University of Hawaii Press, 1997.

Sheldon H. Lu, *China, Transnational Visuality, Global Postmodernity*, Stanford University Press, 2001.

Silverman Kaja, *Male Subjectivity at the Margins*, Routledge, 1992.

Song Geng, *The Fragile Scholar: Power and Masculinity in Chinese Culture*, Hong Kong: Hong Kong University Press, 2004.

Song Geng and Derek Hird, *Men and Masculinities in Contemporary China*, Leiden: Brill, 2014.

Song Geng and Derek Hird, *The Cosmopolitan Dream: Transnational Chinese Masculinities in a Global Age*, Hong Kong: Hong Kong University, 2018.

Vitiello Giovanni, *The Libertine's Friend: Homosexuality and Masculinity in Late Imperial China*, Chicago: University of Chicago Press, 2011.

Wu Cuncun, *Homoerotic Sensibilities in Late Imperial China*, Routledge Curzon, 2004.

Zhong Xueping, *Masculinity Besieged? Issues of Modernity and Male Subjectivity in Chinese Literature of the Late Twentieth Century*, Durham, N.C.: Duke University Press, 2000.

曹正文:《中国侠文化史》,上海文艺出版社1994年版。

戴锦华:《雾中风景:中国电影1978-1998》,北京大学出版社2000年版。

戴锦华:《隐形书写:90年代中国文化研究》,江苏人民出版社1999年版。

方刚:《男性研究与男性运动》,山东人民出版社2008年版。

冯友兰:《中国哲学史新编写》,人民出版社2001年版。

李学勤:《孝经注疏》,北京大学出版社1999年版。

梁漱溟:《东西文化及其哲学》,商务印书馆1999年版。

梁漱溟:《中国文化要义》,上海人民出版社2005年版。

孟悦、戴锦华:《浮出历史地表:现代妇女文学研究》,河南人民出版社1989年版。

隋红升:《男性气质》,外语教学与研究出版社2020年版。

隋红升:《跨学科视野下的男性气质研究》,浙江大学出版社2018年版。

孙隆基:《中国文化的深层结构》,广西师范大学出版社2011年版。

向宇:《跨界的艺术:论李安电影》,中国社会科学出版社2014年版。

许烺光:《美国人与中国人:两种生活方式比较》,华夏出版社1989年版。

叶舒宪:《性别诗学》,社会科学文献出版社1999年版。

张靓蓓编著:《十年一觉电影梦:李安传》,人民文学出版社2007年版。